Lezioni - I Vini d'Italia
Asuka Sugiyama

イタリア編

杉山明日香

リトルモア

1日目

はじめに

ワインは「知る」とおいしくなる

こんにちは、杉山明日香です。これから皆さんと一緒にイタリアワインについて勉強していきたいと思います。よろしくお願いします！

フランス編に続いて本書を手にとってくださった方は、すでにご存知かと思いますが、まずは自己紹介をさせてください。私はワインに関する仕事をする一方で、河合塾という予備校で数学の講師を続けて十数年になります。私が主宰するワインスクールでは、その予備校講師としての経験を生かし、ワインという複雑な体系をいかに楽しみながら学んでもらうか、日々工夫しながら教えています。その甲斐あってか、毎年9割くらいの生徒さんがソムリエやワインエキスパートの試験に合格されています。本書は、そんな私が、ワインスクールでお話ししてきた内容をまとめたもので、今回はイタリアワインの「授業」です。

私にとって、予備校でもワインスクールでも生徒さんが試験に合格することは大変うれしいことですが、同時に「数学が好きになった」という一言や、「ふだん何気なく飲んでいたワインがちょっと勉強するだけで何倍もおいしくなった」という感想がなによりの励みになっています。

ワインは、勉強することでよりおいしくなるお酒です。なぜ「知る」ことでおいしくなるのでしょうか。原料のブドウさえあれば（酵母も水も加えず）造ることができることから、ワインはもっともナチュラルなアルコール飲料とも言われます。そんなお酒は他にありません。どんな「ブドウ品種」を使っているか、どんな「土壌（土地・畑）」でブドウを育てたか、その土地のその年の「気候」はどうだったか、「造り手」はどんな人物か。主にこの４つの要素が複雑にからみ合うため、ワインの味わいはどうしても多様になってしまいます。それゆえ、選択肢がとても多くてとっつきにくいし、自分の好みも定まりにくい……。ワインを学ぶとはつまり、この要素の組み合わせを知り、身につけるということです。たとえば、冷涼な地域で育つブドウからワインを造ると、酸味が強くキリッとした味わいになり、温暖な地域だと酸味がやわらかく、果実味豊かな味わいになる、などといった法則を頭と舌で身につけることになります。すると、たとえ飲んだことのないワインだとしても、ラベルを見るだけで、あるいはちょっとした情報を得るだけで、ある程度香りや味わいが想像できるようになるんです。そうなってくると、自然に「予想」し「確認」しながら飲むのが習慣になっていきます。１人で、友人と、お店の人と、予想し確認し合うことで知的好奇心が刺激され、食事はもっと楽しくなりますし、そのワインはもっとおいしくなるはずです。体験・経験を重ねるほど、また新たな興味が湧いてきます。

これが、ワインは「知る」ことでおいしくなる理由です。ですから、ソムリエやワインエキスパートを受験する予定のある方だけでなく、ワインをより楽しみたいと思っていらっしゃる方、イタリアの食文化が好きな方にも、ぜひ本書を読んでいただきたいです。毎日の食事や暮らしがより楽しくなること請け合いです！

豊かなワイン、豊かな料理

さて、いよいよ、本書のテーマであるイタリアワインについて、話していきましょう。まず、イタリアは20の州からなります。そして、20州全州でそれぞれユニークなブドウを栽培し、個性豊かなワインを造っています*。その土地でしか栽培されていないブドウ（固有品種、土着品種）も、ものすごくたくさんあります。こんなにバラエティに富んだワインを造っている国は、世界中を見てもイタリアの他にはほとんどありません。その多様性がイタリアワイン最大の魅力であると同時に、勉強が大変なところでもあります。

イタリアに限らずワインの世界では基本的なことでありながら、日本ではあまり知られていないのが、「ワインには国ごとに独自のルールがあり、体系を形づくっている」ということです。そして、その基礎となっているのがフランスワインなので、ワインの勉強はフランスからはじめるのが定石となっています。主要なワイン用ブドウ品種もフランス原産が多いので、ワインの世界を大づかみするのに最適です。ですから、本書の第一弾の「フランス編」を読んでからこちらを……とおすすめするのが自然なのですが、ことイタリアに関して言えば、フランスを飛ばしていただいても問題ないです。先ほど申し上げた通り（これから読み進めていけばさらに感じていただけると思いますが）、イタリアワインの世界は、良くも悪くもユニークで混沌としています。フランスとの共通点はありますが、それ通りにはなかなかいかないんです。

＊　フランスのワイン産地はブルゴーニュ地方やボルドー地方、アルザス地方など大きく10の「地方」に分かれていて、それ以外ではワインはほとんど造られていません

また、イタリアは郷土料理もバラエティ豊かです。20の州それぞれの料理が特徴的で、同じ土地のワインと引き立てあっています。ワインは基本的に料理に合わせて楽しむお酒ですが、特にイタリアワインは、料理と合わせることで、その魅力が大きく開花するんです。フランスワインと比べると、パンチがあるというか、ひとクセあるというか、果実味やタンニン、酸味など、どこかに特徴的な要素があるものが多い。大胆に言ってしまえば、フランスワインはワイン単独でもおいしいものが多いのに対して、イタリアワインは尖った部分を料理と合わせることで補完しあって味わいが増し、より楽しめたりするんです。その土地の食材や調理法、味付けにぴったりと合う、地元のお酒があるのはフランスも日本も一緒ですが、イタリアはより結びつきが強いと言えるのではないでしょうか。おいしい肉料理があるから、それに合う赤ワインが生まれたのか？　おいしい赤ワインがあるから、それに合う肉料理が生まれたのか？どちらが先かはわかりませんが、長い年月をかけて、お互いに寄り添ってきたのだと思います。

本書ではこれから、各州のワインを解説していきますが、郷土料理も合わせて紹介します。パスタをはじめ、イタリア料理は家庭料理が基本で、作りやすいものが多いので、ぜひご家庭での、「料理とワインのマリアージュ」の参考にしていただければと思います。イタリアワインは、フランスワインに比べて、リーズナブルなものが多いです（もちろん高級なものもたくさんありますが）。２０００円以下でも多くの選択肢がありますので、かなり「使える」ワインでオススメです。

豊かな土地（本書の構成）

イタリアの国土は、縦長に南北１３００㎞に広がっていて、面積は日本のだいたい8割くらい。真ん中をアペニン山脈が貫いているので、西のティレニア海側と、東のアドリア海側で気候が異なり、育つブドウもぜんぜん違います。同じ海岸沿いでも東西でまったく環境が違うんです。さらに南北でも色々な点で大きく異なります。たとえば、北が生パスタなのに対して、南は乾燥パスタです。これも環境による差だと推測できます。気温の高い南イタリアでは、パスタを乾燥させて保存するのが自然だったと考えられます。

食文化はパスタに限らず南北で異なります。たとえば、北は肉もチーズも牛のものが多いですが、南は羊のほうが多いです。油脂も、北がバターなのに対して、南はオリーヴオイル。南は日照量も多く、放っておいてもオリーヴがいっぱい採れます。

気候や土壌としては南のほうが豊かなんですが、経済的には北のほうが裕福です。世界中どこでも似ていますね。南は、あまり手をかけなくても作物が自然に育つせいか、人間ものんびりしているような……。日本でも九州や沖縄の人たちのほうが――私も九州出身ですが――楽天的な気がします。まあ、お酒もあるし、なんとか

北

南

なる、なんくるないさあ、みたいなところがありませんか？　暴れん坊が多いのも南（笑）。イタリアマフィアの発祥はシチリアですし、フランスでも南仏のマルセイユに8割のマフィアがいるとも!?　南のほうが顔も性格も「濃い」人が多いと思います。お酒の味も、南のほうが濃い（強い）。イタリアワインにもそういう傾向があります。

この本では、ワインと食文化の傾向を踏まえて、全20州を大きく4つにグループ分けして詳しく見ていきましょう（本書は本項を含め7日間で読み通せるように構成されています）。

◎山麓地帯／第一章（P25）、第二章（P53）
北部は山がちです。以下の6州を分類しました。ピエモンテ州、ロンバルディア州、ヴェネト州という有名な3州と、ヴァッレ・ダオスタ州、トレンティーノ-アルト・アディジェ州、フリウリ-ヴェネツィア・ジューリア州という小さな州が3つです。

◎ティレニア海沿岸の州／第三章（P93）、第四章（P115）
7州を分類しました。この地帯を代表するトスカーナ州。その他、リグーリア州、ウンブリア州、ラツィオ州、カンパーニア州、バジリカータ州、カラブリア州です。

◎アドリア海沿岸の州／第五章（P137）
まず、エミリア・ロマーニャ州（パダーナ平野の州として紹介されることが多いですが）。他にマルケ州、アブルッツォ州、モリーゼ州、プーリア州と計4州を紹介します。

◎地中海の島々／第六章（Ｐ１５７）
サルデーニャ州とシチリア州の２州です。ちなみにシチリアは地中海最大の島です。

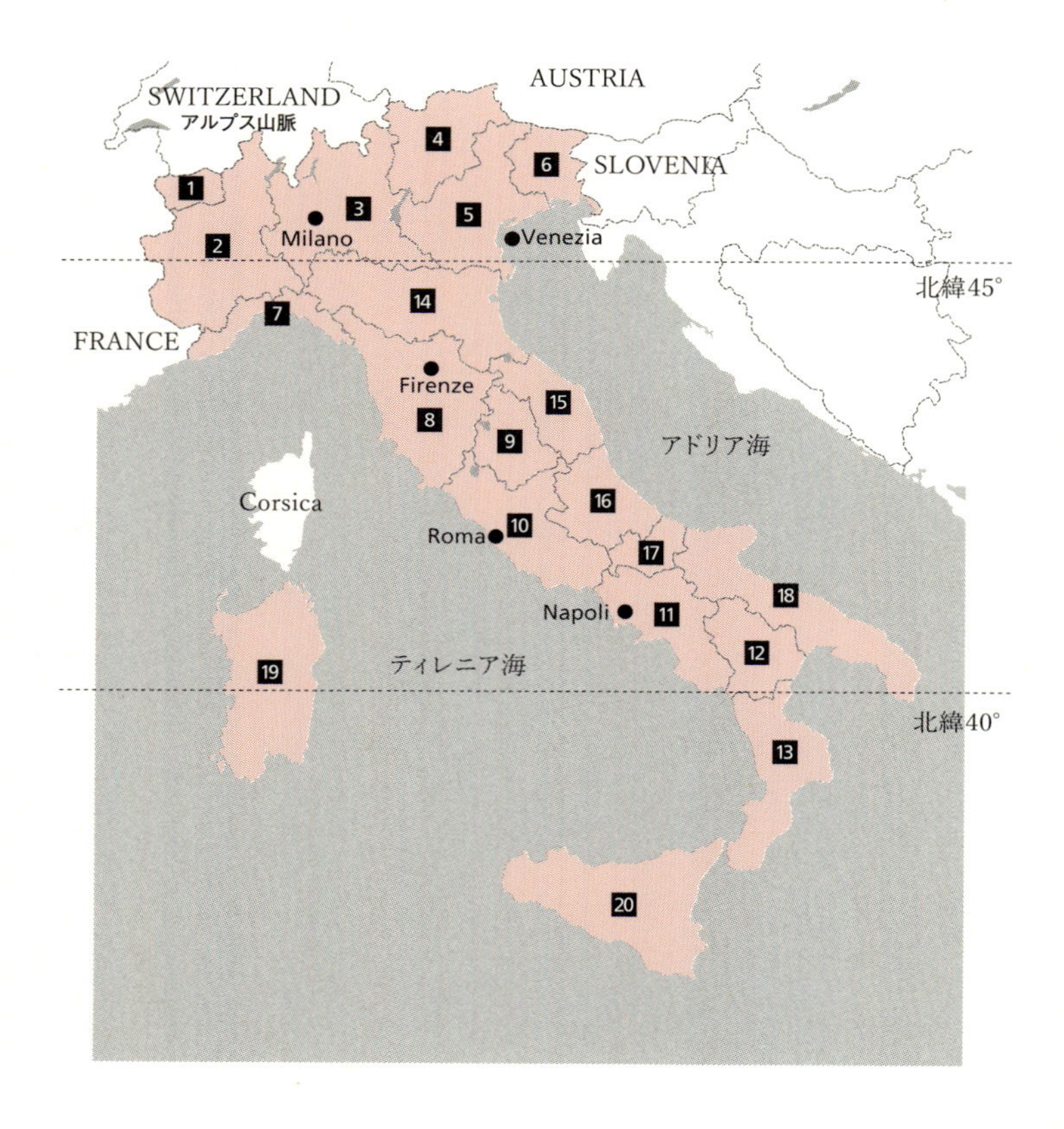

〈山麓地帯〉

1 Valle d'Aosta ヴァッレ・ダオスタ州
2 Piemonte ピエモンテ州
3 Lombardia ロンバルディア州
4 Trentino-Alto Adige トレンティーノ-アルト・アディジェ州
5 Veneto ヴェネト州
6 Friuli-Venezia Giulia フリウリ-ヴェネツィア・ジューリア州

〈ティレニア海沿岸の州〉

7 Liguria リグーリア州
8 Toscana トスカーナ州
9 Umbria ウンブリア州
10 Lazio ラツィオ州
11 Campania カンパーニア州
12 Basilicata バジリカータ州
13 Calabria カラブリア州

〈アドリア海沿岸の州〉

14 Emilia Romagna エミリア・ロマーニャ州
15 Marche マルケ州
16 Abruzzo アブルッツォ州
17 Molise モリーゼ州
18 Puglia プーリア州

〈地中海の島々〉

19 Sardegna サルデーニャ州
20 Sicilia シチリア州

イタリアワインの歴史

では、それぞれの州についてお話しする前に、イタリアワインの歴史(☛)や法律、主なブドウ品種などについて、簡単に見ていきましょう。

ワイン造りは、紀元前8世紀に古代ギリシャから南イタリアに伝わりました。当時のギリシャ人はイタリア半島を、「エノトリア・テルス(ワインの大地)」と讃えたそうです。つまり何もしなくてもいいブドウが育つ、うらやましい土地だと羨望の気持ちを込めたんですね。ただ、意外なことに、

「ワインの大地」
イタリア半島

イタリアのほぼ真ん中に位置する首都ローマ(Roma)の緯度は釧路と同じ(北緯42度)なんです。ブドウを育てるには寒冷すぎるかと思いきや温暖で、日照にも恵まれていて、さらにブドウの生育期(4~9月)にはほとんど雨が降らないという地中海性気候*で、ブドウ栽

* 冬は温和で、夏は暑い。一年中日照量が多く、乾燥しています

☛〈イタリアワインの歴史〉

BC2000年頃	原始的なワイン造りはすでに行われていた
BC8C	ギリシャ人が南イタリアに今日でも栽培されている多くのブドウ品種を持ち込むと同時に、優れた栽培法、醸造技術を持ち込んだ
古代ローマ	ワインの通商も盛んで、"アンフォラ"と呼ばれる壺に詰めて、地中海全域に運ばれた
16C末	医師、哲学者で作家であったアンドレア・バッチがワインの薬効を示す著作を出版
1716年	トスカーナ大公コジモ3世がChianti(キアンティ)、Carmignano(カルミニャーノ)、Pomino(ポミーノ)、Val d'Arno di Sopra(ヴァル・ダルノ・ディ・ソプラ)などの生産地の境界を定める
1773年	イギリス人ジョン・ウッドハウスがシチリアで酒精強化ワイン"Marsala(マルサラ)"を生産
1861年	イタリア王国建国。初代首相カミッロ・カヴール伯爵は自らワイン造りを行う
1870年前後	ベッティーノ・リカーゾリが、"リカーゾリ男爵の公式"を考案
1963年	イタリアで初の原産地呼称法を制定

培に理想的な環境なんですね。

南イタリアにワイン造りが伝播してから1000年くらいかけて、イタリアワインが地中海の広い範囲に広まっていきました。このときは、まだガラス瓶とコルクがなかったため、「アンフォラ」と呼ばれる壺に入れて運搬されていました。

紀元後8~9世紀には、フランク王国のカール大帝（Karl der Große）――別名シャルルマーニュ（Charlemagne）――がイタリア、フランス、ドイツなどヨーロッパ全土でワイン造りを奨励していったようです。そもそも、イエス・キリストが最後の晩餐で「ワインは私の血」と言ったことから、ワインはキリスト教の象徴とされ、布教とワインはセットになりました。キリスト教が広がっていくのと同時に、ミサ用ワインの需要が高まっていったのです。当時の教会や修道院は、社会的にも学術的にも大きな影響力があったので、ワイン造りの技術や品質の向上にも大きな役割を果たしたと言われています。

16世紀末には、アンドレア・バッチ（Andrea Bacci）というお医者さんがワインの薬効を示す著作をイタリアで出版しました。「ワインは体にいい飲み物」とされているほか、ワインの醸造や古代の飲まれ方などさまざまなテーマについて書かれています。ちなみに、古代

「アンフォラ」に蓋をして、松脂などを塗って密閉しました。高級ワインの風味を損ねるとされていた松脂を、あえてワインに溶け込ませて造っているのが、ギリシャの「レツィーナ（Retsina）」というフレーバードワインです

当時のガラス瓶

ローマ時代、女性はワインを飲んではいけなかったんです。男の人は帰宅後、奥さんの口元にキスをしてワインの香りがしないか確かめていたそう。そんな時代に生まれなくて本当によかったです（笑）。

そして18世紀になり、ガラス瓶とコルク栓の普及によって、イタリアワインもより広く輸出されるようになっていきました。

このように古代からワイン造りが盛んだったイタリアですが、現在もフランスと並ぶワイン大国で、世界のワイン生産量のナンバー1（☛）とナンバー2（☞）は、いつもこの2国で争っています（2国で世界のワインの約3分の1が造られています）。最近はそこにスペイン（☛）が加わって、三つ巴になってきていますね。

イタリアのブドウ畑の面積は約62万ha（ヘクタール）、年間生産量が約4400万hl（ヘクトリットル）……と言ってもピンとこないかと思いますが、ボトルで言うと58億本くらい。そのうち約半分は輸出されています。

原産地呼称制度

歴史はこれくらいにして、原産地呼称制度についてもお話ししておきましょう。フランスワインもそうですが、ワインを勉強するときには、まずこの制度について知っておかなければなりません。フランスは飛ばしても……とは言いましたが、これだけは知っておいてほしいです。

〈国別ワイン生産量順位：2017年〉

☛1位	イタリア	6位	アルゼンチン
☞2位	フランス	7位	南アフリカ
☛3位	スペイン	7位	中国
4位	アメリカ	9位	チリ
5位	オーストラリア	10位	ドイツ

原産地呼称制度とは、ヨーロッパ各国で、ワインに限らず、チーズをはじめとする乳製品や農作物、海産物などに幅広く用いられている制度です。たとえば、ワインなら、その土地（地方、村、畑など）の名前を名乗るには、決められたブドウ品種、栽培法、醸造法で造り、検査にクリアしなければなりません。フランスならシャンパーニュ（Champagne）やシャブリ（Chablis）、イタリアならキアンティ（Chianti）やバローロ（Barolo）、バルバレスコ（Barbaresco）といったワインがありますが、それらの名前はすべて地名なんです。

日本ではまだ、原産地呼称制度は確立されていません。たとえば「あきたこまち」というお米は、別に秋田だけで栽培されているわけではないですよね。全国で幅広く作られています。ただ、2015年から、日本でも地理的表示に関する規定ができ、「夕張メロン」など、特定の産地名が少しずつ認定されてきています。*

ヨーロッパでは、農業大国であるフランスが1935年に原産地呼称法を制定したのを皮切りに、産地のブランド価値や生産物のクオリティを護るため、各国独自に制定されていき、その流れで、イタリアでは1963年に制定されました。フランスに比べると30年近く遅いですね。

2009年にはEU全体での新ワイン法が制定されました。これに合わせて、イタリアを含む各国のワイン法が変わっていきました。ただし新ワイン法によって旧ワイン法がなくなったわけではなく、一部併用されることになりました（☛）。

ヴィンテージ2008（2008年のブドウで造られたワイン）までは旧ワイン法が、ヴィンテージ2009からは新ワイン法が適用されていますが、ラベルは現在も、旧ワイン法の表記のままのものも多いので、両方知っておく必要があります。

＊ 神戸ビーフや八丁味噌など、2019年現在、86品目が認定されています

旧ワイン法では4段階の格付けでした。上から格が高い順になっています。フランス(☞)と同じ分け方です。

新ワイン法では、イタリアの場合、上2つのランクが「D.O.P.／地理的表示付ワイン(保護原産地呼称ワイン)」として1つにまとめられました。実際は、今でも旧ワイン法のD.O.C.G.やD.O.C.がふつうに使われていますが……。D.O.P.の下が「I.G.P.／地理的表示付きワイン」です。I.G.P.ワインは、「85%以上がその土地で作られたブドウで造ること」と定義されています。残りの15%は別の土地で作られたブドウだったりワインをミックスしてもいいんです。そして一番下が「地理的表示なしワイン」、旧ワイン法のヴィーノ・ダ・ターヴォラ(Vino da Tavola)(テーブルワイン)から、新ワイン法ではヴィーノ(Vino)、という呼称に変わっています。

2019年現在、D.O.C.G.は75個。D.O.C.は332個あります。D.O.C.G.と

☛〈イタリアワイン法〉

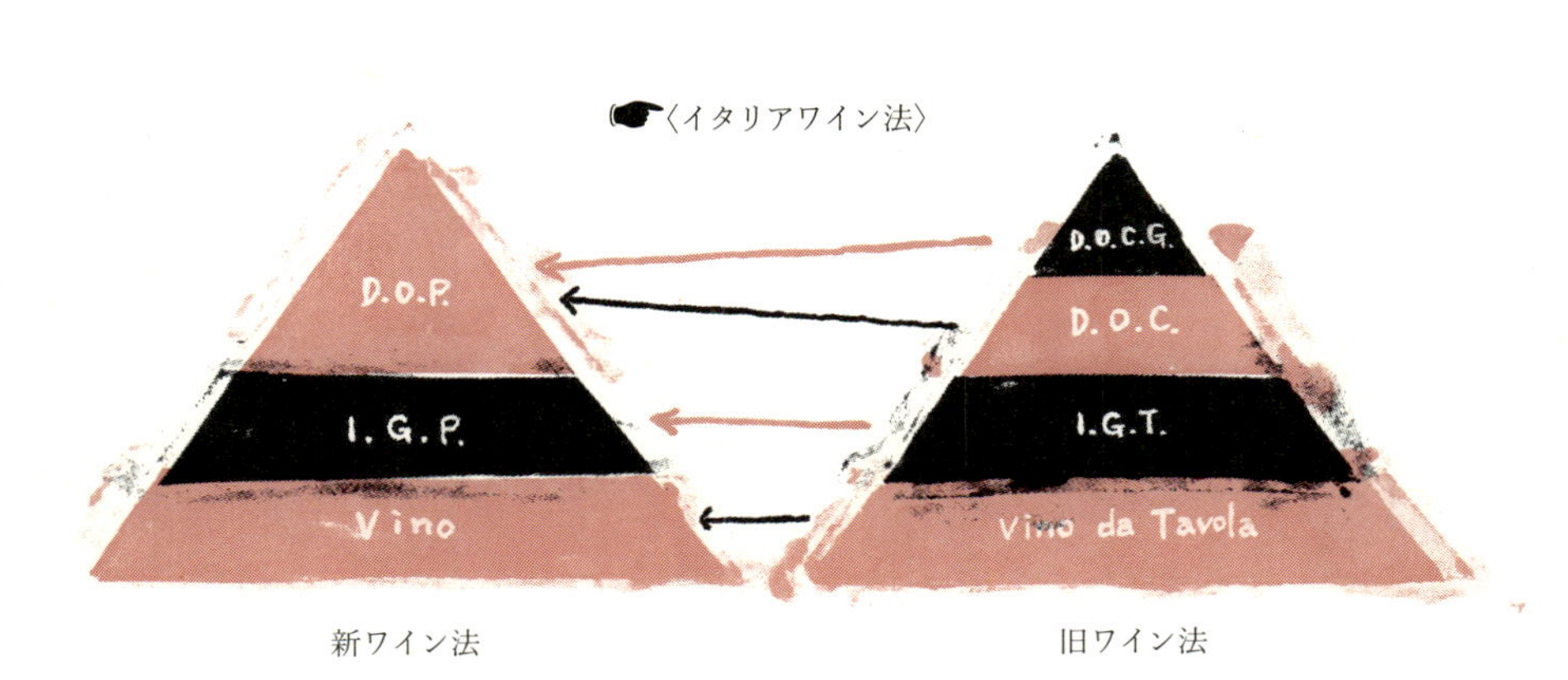

新ワイン法　旧ワイン法

☞〈フランスワイン法〉

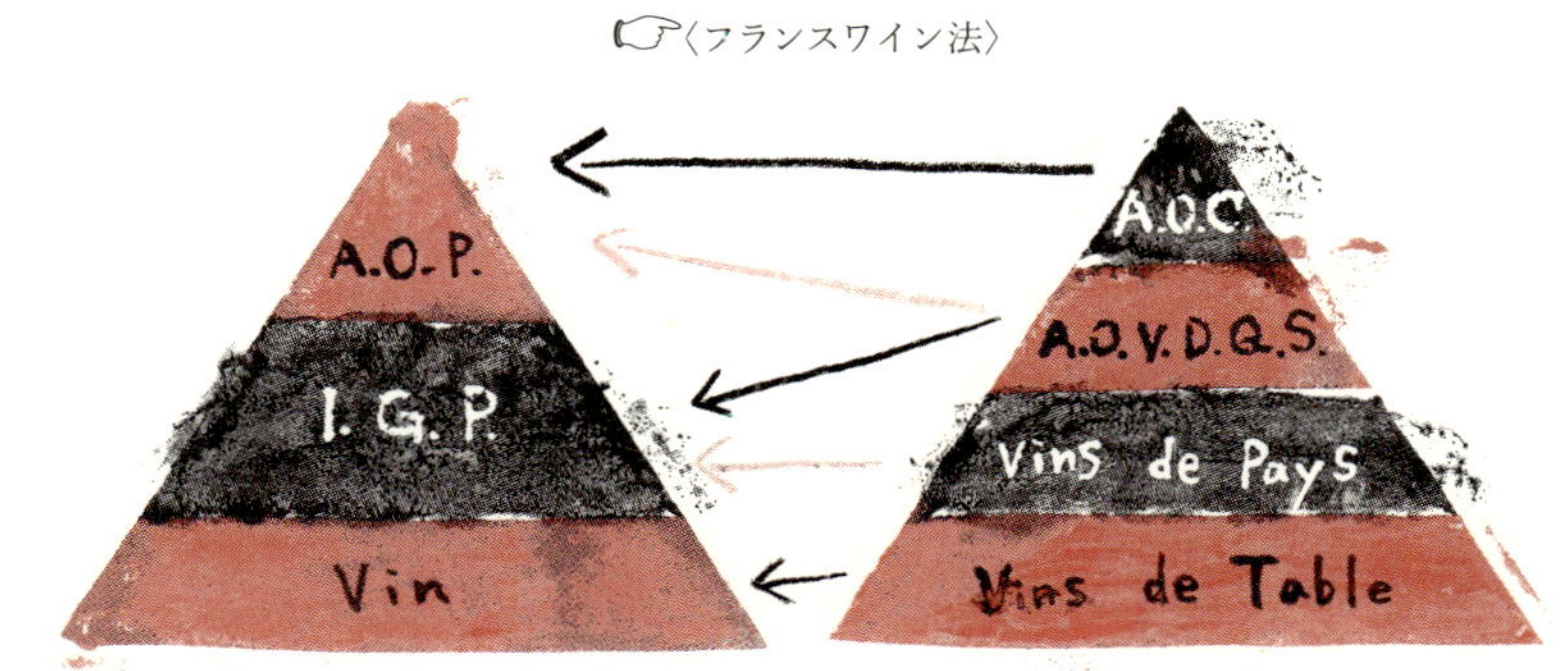

新ワイン法　旧ワイン法

D.O.C.の数は毎年増えています（新法と旧法が並存していて、格付けの審査が今も行われています）。実は、D.O.C.G.は10年くらい前にはこの半分もなかったんです。だから、ソムリエ試験でも覚えるのがすごく楽でした（笑）。今はびっくりするくらいの数になってきていますが、まあ、それくらい、今はイタリアでいいワインを造ろうという動きが盛んだとも言えます。

イタリアワインの今

では次に、イタリア国内の、ワインやブドウの生産量について見ていきましょう。

州別のワイン生産量の順位（☛）は毎年変わりますが、2017年は1位がプーリア（Puglia）州。2位はヴェネト（Veneto）州、水の都ヴェネツィア（Venezia）がある州ですね。そして3位がエミリア・ロマーニャ（Emilia Romagna）州、4位がシチリア（Sicilia）州という順になっています。

イタリアワインを造るブドウ品種は400種類以上[*1]あると言われています。その土地ならではのブドウ（土着品種）がとても多いです。ただ現在では、土着品種以外のブドウ——ヨーロッパ系品種、または国際品種という言い方をしますが——カベルネ・ソーヴィニヨン（Cabernet Sauvignon）やシャルドネ（Chardonnay）、ピノ・ノワール（Pinot Noir）などの栽培も盛んです。ここで、特に多く栽培されている品種を紹介していきましょう（☞）。

白ブドウの1位のカタラット（Catarratto）・コムーネ（Comune）[*2]はシチリアで多く栽培されています。ただ、白ブドウでは1位でも、黒ブドウも合わせた総合ランキングでは4位なんです。やっぱりイタリアは黒ブドウ、つまり赤ワインが圧倒的に多く造られていることがわかり

☛〈ワイン生産量上位4州：2017年〉

1位	Puglia プーリア州
2位	Veneto ヴェネト州
3位	Emilia Romagna エミリア・ロマーニャ州
4位	Sicilia シチリア州

＊1　フランスワインで200種くらいでした

＊2　「カタラット・ビアンコ」と呼ばれることも

＊3　最近はスプマンテ以外の白ワインでもシャルドネはよく使われています。トスカーナやフリウリ−ヴェネツィア・ジューリアなどの北部やシチリアのシャルドネからの白ワインは日本にもよく輸入されているので、見かける機会もあるかと思います

ます。白ブドウの3位は、シャルドネですが、スプマンテ（スパークリングワイン）にも多く用いられます。*3

次に黒ブドウですが、なんと言っても圧倒的にサンジョヴェーゼです。2位のモンテプルチアーノの2倍以上……白ブドウの1位のカタラット・コムーネの3倍近くも作られています。イタリアのいたるところで栽培されているんです。代表的な銘柄は、やはりトスカーナ州のキアンティです。

2位のモンテプルチアーノは、主に中部と南部で栽培されていて、代表的な銘柄はアブルッツォ州で造られるモンテプルチアーノ・ダブルッツォです。3位がメルロ。フランスではメルロが全ブドウ中で栽培面積が最大でしたが、イタリアでも多く栽培されています。

ワインの種類／造り方

赤ワイン（ヴィーノ・ロッソ）、白ワイン（ヴィーノ・ビアンコ）、そして発泡性ワイン（スプマンテ）について、造り方を簡単にお話ししておきます。

赤ワインは、ブドウを潰して、果汁、果皮、果肉、種子もろともアルコール醗酵させ、圧搾します。

一方、白ワインは果汁だけを抽出しアルコール醗酵させていきます。

発泡性ワインには、さまざまな製法があります。一度アルコール醗酵したスティルワイン（いわゆる発泡していないワイン）を瓶に詰め、糖分と酵母を加え、さらに醗酵（二次

〈主要品種（栽培面積順）：2010年〉

白ブドウ	1位	カタラット・コムーネ
	2位	トレッビアーノ・トスカーノ
	3位	シャルドネ
	4位	グレーラ
	5位	ピノ・グリージョ
黒ブドウ	1位	サンジョヴェーゼ
	2位	モンテプルチアーノ
	3位	メルロ
	4位	バルベーラ
	5位	カラブレーゼ
	6位	カベルネ・ソーヴィニョン

〈イタリアワイン用語〉

Vino Bianco	ヴィーノ・ビアンコ	白ワイン
Vino Rosato	ヴィーノ・ロザート	ロゼワイン
Vino Rosso	ヴィーノ・ロッソ	赤ワイン
Spumante	スプマンテ	発泡性ワイン

醗酵）を促したうえで密閉し、発生する二酸化炭素をワインに溶け込ませるメトード・クラッシコ（Metodo Classico）（瓶内二次醗酵）、この二次醗酵を大きなタンク内で行うメトード・シャルマ（Metodo Charmat）（タンク内二次醗酵）が代表的です。[*1]

新酒についても少し触れておきましょう。フランスでは特にブルゴーニュ（Bourgogne）地方・南部にあるボージョレ（Beaujolais）地区の「ボージョレ・ヌーヴォー（Beaujolais Nouveau）」の赤ワインが有名ですが、その年のブドウを使って速醸で造られ、その年のうちに解禁されます。イタリアでは、ヴィーノ・ノヴェッロ（Vino Novello）（イタリア語で「新しいワイン」の意味）と言い、イタリア各地で造られています。[*2] ただ、「ボージョレ・ヌーヴォー」のような有名ブランドにはなっていなくて、あくまで地元で飲まれるものです。日本にもそんなに多くは入ってきていません。

イタリアでは新酒は、D.O.P.とI.G.P.ランクのワインにのみ製造が認められていて、一番下のランクのヴィーノに対しては認められていません。

また、造り方にも規定があります。まず醸造がはじまってから10日以内に、全醸造工程を終わらせないといけません。ボージョレ・ヌーヴォーと同じ、マチェラツィオーネ・カルボニカ（Macerazione Carbonica）（MC法＝炭酸ガス浸漬法、フランス語でマセラシオン・カルボニック（Macération Carbonique））で造られたワインを40％以上含んでいなければならないという規定もあります。MC法は大きいステンレスタンクに、ブドウを房ごと詰め込んで密閉し、二酸化炭素を回し入れて、気流中に数日間置いておくと、ブドウが細胞内醗酵を起こして、色がバッと出たところで皮や種を全部取り除き、白ワインのように低温醗酵（15～20℃[*3]）して造るという方法です。

＊1　フランス語ではそれぞれ、メトード・トラディッショネル（Méthode Traditionnelle）、メトード・シャルマ（Méthode Charmat）と言う。トラディッショネルの通称はシャンパーニュ方式で、シャンパーニュはすべてこの手法で造られています

＊2　ただし、どこでも新酒を造っていいわけではなく、ルールが決められています

＊3　一般的に赤ワインは30℃前後

では、ノヴェッロはいつから飲めるのでしょうか。[*4] ヌーヴォーのように「解禁」ではなくて「消費」という言い方をしますが、要は一般消費者への販売許可日ですね。ヌーヴォーならば毎年11月の第3木曜日ですが、ノヴェッロの場合は、10月30日の0時1分から……細かいですよね。

それでは、基本的なことはこれくらいにして、2日目からは20州について、それぞれ詳しく見ていきましょう。

＊4　9月に収穫しその年の12月31日までに瓶詰めしなければなりません。また、ノヴェッロの名称を使う権利のないワインには、ジョーヴァネ（giovane）（若い）とか、ヌオーヴォ（nuovo）（新しい）など、その他の同義語の表記もできません

目次

第二章（3日目）山麓地帯2　53

第三章（4日目）

ティレニア海沿岸の州 1

第四章（5日目）　ティレニア海沿岸の州2　115

第五章（6日目） アドリア海沿岸の州 137

第六章（7日目）　地中海の島々　157

おわりに　176

2日目

第一章

山麓地帯

1

ピエモンテ州

Piemonte

ピエモンテ州

ワインの王とワインの女王を擁する銘醸地

他のイタリア人とは違う……

今日は、イタリア北部山麓地帯のピエモンテ（Piemonte）州を見ていきましょう。ピエモンテといえば、トリノ（Torino）を連想される方もいらっしゃるかもしれませんが、ワインはなんと言ってもバローロ（Barolo）とバルバレスコ（Barbaresco）！ 有名なワインが多く、語るべき歴史も分厚いので、じっくりとお勉強していきましょう。

ピエモンテ州は、トスカーナ（Toscana）州とともにイタリアの二大銘醸地に数えられます。フランスではボルドー（Bordeaux）地方とブルゴーニュ（Bourgogne）地方が双璧となっていましたが、イタリアではこの2州です。

ワインの王
「D.O.C.G.バローロ」

ワインの女王
「D.O.C.G.
バルバレスコ」

世界最高級の
「白トリュフ」

面積は全20州で、
シチリアに次ぐ大きさ

Torino

州都トリノは、
2006年に冬季オリンピックの
開催地にもなりました

ピエモンテ（Piemonte）とは、山（Monte）の麓（Pie＝足）という意味で、アルプス山脈の麓から南に広がった一帯を指します。冷涼で湿度が低く、夏はからっとしています。かつてこの地を支配していたサヴォワ（Savoie）（イタリア語でサヴォィア（Savoia））家がフランスのサヴォワ地方の出身だったこともあって、今でもフランスの影響が色濃い地域です。

ピエモンテの人たちは自分たちのことをピエモンテーゼ（ピエモンテ人）と呼んでいます。「他のイタリア人とはちょっと違う、一緒にしないでくれ」と思っている節があるんですよね。伝統を重んじ、慇懃で保守的……日本でいうと京都が近いでしょうか。いつも陽気でおしゃべり、という一般的なイタリア人とは違い、どちらかというと寡黙です。方言が強く、おじいちゃんおばあちゃんたちの話す言葉は、イタリア人でもあまり理解できない……と言われるくらい訛りがあります。ちなみに州都のトリノは1861年にイタリア王国が成立した際の首都でもあります。

また、ピエモンテはスローフード運動誕生の地としても知られています。「その土地の伝統的な食文化や食材を見直そう」という運動で、ファストフードに対するアンチテーゼです。もう1つ、食に関して世界的に知られているのが、外国人向けの料理学校ＩＣＩＦ（Italian Culinary Institute for Foreigners）です。ピエモンテ州政府認定のプロ養成学校で、卒業生には現在、東京の有名店で働くシェフもたくさんいます。

イタリア随一の高級ワインの産地

D.O.C.G.とD.O.C.を足したD.O.P.の数は全20州中第1位。ピエモンテで造られるワインの90%がD.O.P.ワイン、というイタリア随一の高級ワインの産地です。

表（☛）を見るとわかるとおり、圧倒的に赤ワインが多いです。バローロ❶からロエーロ❾までのD.O.C.G.は特に重要ですので、ぜひ覚えておいてください。日本でもイタリアンに行ったら、ワインリストでよく見かける銘柄です。

まず最初のふたつ（☞）。バローロ❶とバルバレスコ❷がなんと言っても有名ですね。バローロは「ワインの王であり、王のワインである」と言われ、バルバレスコは「ワインの女王」とか「バローロの弟分」なんて呼ばれたりします。どちらもネッビオーロ（Nebbiolo）という黒ブドウ100%で造られ、もし数パーセントでも他のブドウ品種を入れたら、その名を名乗れません。

D.O.C.G.が17、D.O.C.が42で、ともにイタリア全20州で第1位!

	D.O.C.G.	赤	ロゼ	白	備考
☛	❶ Barolo バローロ	●			赤：ネッビオーロ
☞	❷ Barbaresco バルバレスコ	●			赤：ネッビオーロ
☞	❸ Gattinara ガッティナーラ	●			赤：スパンナ=ネッビオーロ
	❹ Ghemme ゲンメ	●			赤：スパンナ
	❺ Barbera del Monferrato Superiore バルベーラ・デル・モンフェッラート・スペリオーレ	●			赤：バルベーラ
	❻ Barbera d'Asti バルベーラ・ダスティ	●			赤：バルベーラ
	❼ Asti アスティ			甘 発	白：モスカート・ビアンコ
	❽ Gavi ガヴィ			○ 発	白：コルテーゼ ・Frあり
	❾ Roero ロエーロ	●		○ 発	赤：ネッビオーロ 白：アルネイス

例えば❶は赤以外に印がないので、ロゼ、白の生産が原産地呼称法で認められないことを示します。
「甘」は「甘口」、「発」は「発泡性」。また、本書での表内の略称は以下の通りです。
Fr:Frizzante（フリッツァンテ）、Ps:Passito（パッシート）、VT：Vendemmia Tardiva（ヴェンデンミア・タルディーヴァ）、Cl:Classico（クラッシコ）
VTは、遅摘みして糖度を高めたブドウで造る甘口ワインです。フランス語ではヴァンダンジュ・タルディヴ（Vendanges Tardives）と言います

ランゲ地方とコート・ドール

バローロとバルバレスコが造られるバローロ村、バルバレスコ村が位置するエリアは、ランゲ（Langhe）地方と呼ばれています。「ランゲ」とはピエモンテの方言で、「舌」を意味する「リングエ（Lingue）」からきています。たくさんの丘が、まるで丸まった舌が波打つように連なっている風景から、そう呼ばれるようになったそうです。

ランゲ地方はよく、フランスのコート・ドール（Côte d'Or）（フランス語で「黄金の丘」という意味）と似ていると言われます。コート・ドールとは、フランスのブルゴーニュ地方にある、コート・ド・ニュイ（Côte de Nuits）地区とコート・ド・ボーヌ（Côte de Beaune）地区という2つの高級ワイン産地を含んだエリアのことです。ランゲも同様に、バローロとバルバレスコという2大高級ワイン産地を含んでいます。そして、ピエモンテもブルゴーニュも基本的に複数のブドウ品種をブレンドせず、単一品種からワインを造っています。場合によっては、同じ畑で栽培されたブドウだけを使ってワインを造る（同じブドウ品種だからと言って、複数の畑のブドウを混ぜない）「単一畑文化」がどちらにも根付いているのです。

また、ランゲで栽培されるネッビオーロは、コート・ドールのピノ・ノワール（Pinot Noir）と似ているところがあります。まず、造られるワインの色合いがどちらも、淡いルビー色です。ネッビオーロは比較的若いうちから枯れた色合いなので、ちょっと熟成がすすむと、すごく熟成が進んだブルゴーニュワインと、見た目が非常に似てきます。ただ

し、飲んでみると味わいは随分異なっています。しっかりとした酸味は共通しますが、渋み、つまりタンニンの量と質に特徴的な違いがあります。ネッビオーロはタンニンが荒々しくぎっちりしているのに対して、ピノ・ノワールはタンニンが少なくやさしめで、口に含んだときの印象がかなり変わります。どちらかというと、ネッビオーロは力強く、ピノ・ノワールはエレガントです。ネッビオーロは、房は大きいものの実(み)は小粒なので、ブドウを潰して醸す（マセラシオン Macération）[*1]ときに、種の割合が必然的に多くなってしまいます。タンニンは主に種に由来しますから、渋みのしっかりしたワインになりやすいんですね。

気難しいブドウ、ネッビオーロ

ネッビオーロの名前の由来は、イタリア語の「霧（ネッビア Nebbia）」にあります。ピエモンテでは11月頃に霧が発生し、その頃に成熟するブドウだから「ネッビオーロ」というわけです。[*2] 通常、ブドウの収穫は9月ですから、11月頃の成熟は非常に遅い。そもそもネッビオーロが晩熟タイプである、ということに加え、ピエモンテが冷涼な一帯なので、熟すまでに時間がかかるんです。アルコールは糖分から作り出されますから、ちゃんとブドウが熟して甘くなってからワインにしないと、アルコール度数が高まらず、長期熟成型[*3]のワインになりません。[*4]

栽培地は基本的にピエモンテ州とその周辺（ヴァッレ・ダオスタ Valle d'Aosta州と

〈Piemonteの主要品種〉

白ブドウ	Cortese コルテーゼ、Arneis アルネイス、Moscato Bianco モスカート・ビアンコ
黒ブドウ	Nebbiolo ネッビオーロ、Barbera バルベーラ、Dolcetto ドルチェット

＊1　アルコール醗酵中か、その前後期間に果皮から色素、種子からタンニン（渋み）などを抽出する工程

＊2　ブドウの表面が収穫の時期に白っぽくなり霧がかかったように見えるから、という説もあります

＊3　ワインはアルコール度数、有機酸、ポリフェノール、糖分、エキス分（不揮発性物質）、遊離亜硫酸などが多い（高い）ほど、熟成のスピードが遅くなり、長期熟成型となります

＊4　バローロには「3年以上の熟成（そのうち木樽での熟成が2年以上）、アルコール度数は13度以上にしなくてはならない」という原産地呼称法の規定があります。規定は以前からの経験則により割り出され、設定されていますが、醸造技術や嗜好の変化などによって、現状に即したものに変更されることがあります。たとえば、ブルネッロ・ディ・モンタルチーノ Brunello di Montalcino というワイン（P107）も、木樽での熟成義務が3年以上だったのが、1995年から2年以上に変わりました。かつては大樽で長期間熟成させるというのが一般的でしたが、小樽で熟成させる生産者が増えてきたため、3年は長すぎると判断されたためです。現状にルールを合わせたケースです

ロンバルディア（Lombardia）州北部のごく限られたエリア）のみです。他の土地ではなぜかうまく育ちません。ニューワールド（ヨーロッパ以外の国）での栽培も試行錯誤されているみたいですが、成功しているところは今のところない。それぐらい土壌や気候など、栽培条件が厳しい、気難しいブドウだと言われています。

しかも、おいしいワインにするのがとっても難しいブドウとも言えます。今では世界的に認められているバローロとバルバレスコですら、1980年以前は、ほんの一部を除き飲みにくくて評価の低いワインでした。

バローロの拡大

では、バローロから見ていきましょう。地図をご覧ください。この全体（☞）がバローロを生産していいエリアです。バローロを造っているのはバローロ村だけではないんです。5つの主要な村を挙げてみましたが（☛）、実際は11の村（約2000ha（ヘクタール））の畑で生産されています。

生産地は昔からこれほど広かったわけではなく、1990年代の終わり頃から40%以上も増えたそうで

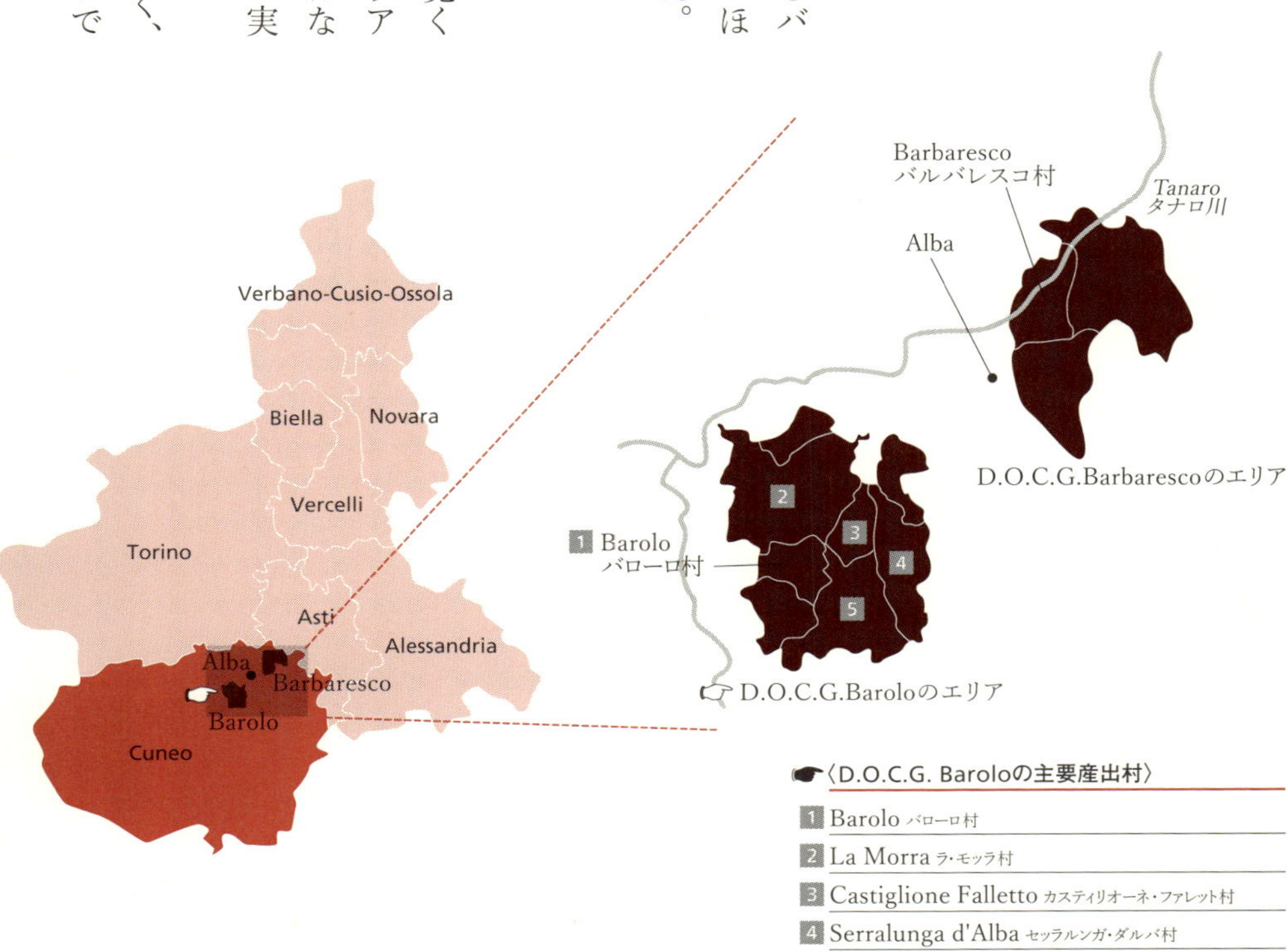

す。この20年くらいの間に、すごい勢いで畑が拡大していったことになる……。有名ではありましたが、ほんの少し前は評価の低いワインだったのになぜ?というのがバローロを理解するポイントです。

イタリアに原産地呼称制度ができたのが1963年だと「はじめに」でお話ししましたが、バローロが認定されたのは、その3年後の66年です。まずD.O.C.として認められました。そして80年には一番上のランクのD.O.C.G.に格上げされます。ラベル表記としては、D.O.C.G.バローロか、バローロ・リゼルヴァ(Barolo Riserva)(P59)、さらに、畑名が付記されているものもあります(☛)。ブルゴーニュのプルミエ・クリュ(Premier Cru)やグラン・クリュ(Grand Cru)のような、畑名レベルでの格付けがあるなら、畑名を付記するのは当然ですが、それがないイタリアでは実はかなり珍しいんです。法律的に格上げできるわけでもないのに、あえてそうまでするところに、生産者の自信やこだわりがうかがえます。

バローロの歴史

では、バローロの拡大の歴史を見ていきましょう。

ピエモンテのワイン造りの歴史は古く、3000年以上前からとも言われています。ローマ帝国の、かのジュリアス・シーザー(Julius Caesar)がバローロをローマに持ち帰ったという話もあるくらいです。

☛〈D.O.C.G. Barolo(Riserva)に付記できる畑(クリュ)名の一例〉

- Brunate ブルナーテ
- Bussia ブッシア
- Cannubi カンヌービ
- Cannubi Boschis* カンヌービ・ボスキス
- Falletto ファレット
- Ginestra ジネストラ
- San Lorenzo サン・ロレンツォ

* カンヌービ・ボスキスはカンヌービという大きい畑のなかに位置しています。2013年ヴィンテージから名称が「アレステ(Aleste)」に変わりました

バローロは、19世紀半ばくらいまでは、今とは随分違って甘口ワインだったらしいです。ピエモンテの冬はかなり寒くなるので、ブドウの糖分が残ったままアルコール醗酵が止まってしまい、それで甘口に。当然、品質も不安定だったと考えられます。でも、長い歴史もありますし、イタリア内外での知名度はそれなりにあったようで、「飲んだことはないけど、聞いたことはある」みたいなワインだったのでしょう。

現在は「ワインの王であり、王のワインである」と賞賛されるようになっていますが、そのきっかけには、カミッロ・カヴール（Camillo Cavour）伯爵が関わっています。イタリア統一の立役者とされる人物で、イタリア王国初代首相も務めました。政治家として存分に手腕を発揮した彼ですが、実はイタリアワイン、とりわけピエモンテワイン発展の功労者でもあるんです。彼はピエモンテの名門貴族の出身で、政治家になる前は手広く事業を展開する実業家でした。バローロにも領地を持っており、ワイン造りもしていました。カヴールは自分のワイナリーにフランスの醸造家ルイ・オウダール（Louis Oudart）を招聘し、甘口で品質も不安定だったバローロを辛口の長期熟成可能な赤ワインに改良したんです。生まれ変わったバローロはトリノの宮廷で人気となり、「ワインの王であり〜」と賞賛されるように。オウダールはバローロ以外にも、色々なピエモンテワインの品質改善を行い、その発展に多大なる貢献をしたそうです。

ちなみに２０１４年に富岡製糸場と絹産業遺産群がユネスコの世界遺産に登録されましたが、ピエモンテのブドウ畑の景観（ランゲ、ロエーロ（Roero）、モンフェッラート（Monferrato））も同じく登録されました。これもさかのぼれば、カヴールの尽力のおかげかもしれません!?

飲みにくいワイン、バローロ

カヴールがバローロの名声を少し高めはしましたが、一般的には……まだまだ飲みにくいものでした。必然的にネッビオーロの評価も当時は低かったんです。ピエモンテは、ブドウ農家とワインの造り手が分かれていたんですが、バローロは、大手5社くらいのネゴシアン（Négociant）[*1]が、自分たちの言い値でブドウ農家からネッビオーロを買って造っていました。農家も売れるだけでよかった。当時は誰もが、それほど価値があるブドウだとは思っていなかったわけです。[*2]

ネッビオーロから造るバローロ（やバルバレスコなど）は、何年も寝かせないとまろやかにならないので、造ってすぐは飲めませんでした。少しでも果実味を出そうと、試行錯誤のなかで、醸し（マセラシオン）をふつうは2週間くらいのところを1ヵ月以上行なったりしていたのですが、果実味よりもむしろタンニン（渋み）が余計に出てしまったり……。その渋みを和らげ、まろやかにするために熟成期間を長くとり、大樽[*3]でワインを寝かせたりしていました。大樽でワインを寝かせると、小樽よりも空気接触（樽に接する表面積）が少ないため、酸化熟成がより緩やかに進み、まろやかになると言われます。

バローロは当時のワイン法では最低3年の熟成が義務付けられていましたが、生産者によっては5年……どうかしたら10年近く寝かせていました。しかし、それでもまろやかにならない。なかには、「静かに寝かせるのを諦めて、樽から大きい瓶に移し

＊1　ワインの流通業者。ワインを仕入れるか、買い取ったブドウでワインを造り、自社の商品として売る。ここでは、19世紀末に誕生したボルゴーニョ（Borgogno）社やピオ・チェーザレ（Pio Cesare）社などのこと

＊2　当時は、ネッビオーロよりもドルチェット（Dolcetto）という黒ブドウの土着品種のほうが高値で取引されていたとも言われています。ドルチェットのワインは造ってからすぐに飲める優しい味わいなので、重宝されていたのです

＊3　この地方で伝統的に使うスラヴォニアンオークの大樽は大きいものだと5000ℓくらいあります。ちなみにブルゴーニュやボルドーで使われる小樽はだいたい225ℓです

替えて、夏の間、暑い屋根裏部屋に置いて酸化させることもあった」と今の生産者が祖父の代を思い出して語っていました。それぐらいネッビオーロのワインは飲みにくかったんです。

ところが1970年代後半、それまでとはまったく違った造り方をする人たちが現れます。これがのちにバローロ・ボーイズと呼ばれる、エリオ・アルターレ（Elio Altare）、ドメニコ・クレリコ（Domenico Clerico）、パオロ・スカヴィーノ（Paolo Scavino）、ルチアーノ・サンドローネ（Luciano Sandrone）の4人です。

バローロの醸造の変革

4人の造り手それぞれに波乱万丈で面白いエピソードがあるのですが、たとえばルチアーノ・サンドローネ。当時、大手ネゴシアンでバローロの醸造家だった彼は、1973、4年にブルゴーニュに行き、フランス式のブドウ栽培や醸造に触れました。そこでは、醸し（マセラシオン）も熟成も、あまり長く行わず、大樽でなく小樽（フレンチ・バリック）で熟成させていました。これを見て、「ネッビオーロもそうやって造ったほうがおいしくなるんじゃないか?」と思い立ったんです。

しかし、当時のバローロには、まず果実味が欠けていて、醸しを短くしてしまったら、いっそう少なくなってしまう。かといって、従来通りの醸しの長さではタンニンが、強靭になりすぎてしまう。そこでルチアーノは、通常の醸しではなく、回転式醗酵槽（ロータリー・ファーメンター）を使い、数日から2週間くらいの短期間の醸しで、果実味と色素をすばやく抽出する方法をとりました。熟成方法も、大樽から小樽に変えました。樽に接する面積が小樽のほうが多くなるため、樽由来の風味を、よりワインに与えやすくなります。樽は、原料となるオーク材が本来持つ香りに加え、成型する際に内側を火で炙るのですが、その炙り具合——ライトローストか、ミディアムローストか、ヘビーローストか——によっても香りが変わっていくんです。たとえば、ライトローストなら軽いヴァニラ香、ヘビーローストならコーヒーのような風味をワインに与えることができます。もともとはブルゴーニュに行って実際に見たこと、聞いたことを素直に取り入れたということだったのでしょうが、小樽で熟成させることで、不安定だったネッビオーロの色素を安定させて、ワインの色を濃くすることができたり、熟成期間を短縮できたり、バローロの改良にぴったりはまったんですね。さらには、ワインに樽の上品な香りが加わり、最初にアメリカの市場で爆発的に支持されました。

ネッビオーロの栽培の変革

バローロ・ボーイズの変革はワインの造り方だけに止まらず、ネッビオーロの栽培方法にも及びました。中でも一番大きかったのは、「グリーン・ハーヴェスト(摘房)」の導入でした。ブドウの実がまだ青い(緑)うちに間引くようにしたんです。バローロ・ボーイズの親や祖父の世代にとっては、「せっかく神様からいただいたブドウの実を、成熟する前にカットして捨ててしまうなんて、とんでもない!」と、タブーとされていたようで、導入にはずいぶん苦労があったみたいです。親子の断絶みたいなことも……。でも間引くことで、残されたブドウには養分が結集されますし、しかも残った粒は日当たりや風通しもよくなり、生育がさらに促進されるので、より凝縮したブドウに育つんです。また、あえて収穫量を抑えることで、タンニン自体も、良質なものになるとも言われています。過去のいろいろなしがらみ、家族や同業者の反対などに負けず、さまざまな改革を行い、試行錯誤した結果、渋いばかりだったバローロが、ワインにコクを与える良質なタンニンと、濃縮感のある果実味をあわせ持ったおいしいワインに生まれ変わりました。

そして、バローロ・ボーイズ以外にも、いろんな造り手が新しいバローロ造りをはじめます。このように栽培と醸造、熟成の方法を見直した結果、バローロは……

以前：厳格なタンニンと酸で飲みにくく、長期熟成が必要。一部の消費者以外にはなかなか受け入れられないワイン

現在：輝きと深みのある、鮮やかな色調で、フレッシュなベリー系の味わい。ふくよかな果実味と良質なタンニンで、長期熟成しなくても若いうちから楽しめるフルボディの高級ワイン

と変貌を遂げました。

バローロはかつてはネゴシアンによる大量生産が中心でしたが、今ではブドウ栽培もワイン造りも家族単位で行う、ブルゴーニュのドメーヌ(Domaine)のような小規模生産が主流

です。なかには1.5haくらいの小さな畑でワインを造るカンティーナ(Cantina)(ワイナリー)も多く――生産本数は1万本ちょっと――単一畑での生産も増えていきました。

バローロ・ボーイズの命名

こうして生み出された新しいバローロを、もともと大手ネゴシアンだったマルコ・デ・グラツィア(Marco de Grazia)*という人物が、1981年頃からアメリカに輸出しはじめます。

そして徐々に人気が出てきた1994年、著名なアメリカ人ワイン評論家のロバート・パーカー・Jr.(Robert M. Parker, Jr.)によるワイン情報誌「ワイン・アドヴォケイト」や、ワイン雑誌「ワインスペクテーター」などで、バローロの89年や90年のヴィンテージが高得点を連発します。世界的に大きな注目を集めたことで、バローロは、高級ワインとして不動の地位を獲得していきました。バローロ・ボーイズの改革が実を結んだんです。

ちなみに「バローロ・ボーイズ」は、アメリカ人がつけたニックネームなんです。90年代になってバローロの評価が高まっていくなかで、彼らはアメリカに招かれて、ワインをテイスティングしてもらう機会が多くなりました。自分たちのバローロの評判がよいのもあって、彼らはいつもすごく楽しそうに飲んでいたらしいんです。イタリアのなかではピエモンテ人が一番無口だと言いましたけど、そうは言ってもやっぱりイタリア人です(笑)。その陽気な姿を見たアメリカ人が、「バローロ・ボーイズ」と名付けたそうです。現在では、グループを形づくって、多くの生産者が名を連ねるバローロ・ボーイズですが、オリジナルメンバーは、最初にお話しした4人の造り手と

* もともとワイン商で、ワインを買って売るのを生業としていましたが、ワイン造りにも精進し、とりわけバローロの変革において、中心的なコンサルタントとしても活躍しました。その後、2002年に遂に自分で畑を買い、ワイナリーを立ち上げます。彼が選んだ場所はシチリアのエトナ(P165)。もともとワイン産地として注目のエリアでしたが、現在ますます脚光を浴びています

されています。

革命をもたらした4人の元祖バローロ・ボーイズのうちドメニコ・クレリコが２０１７年に67歳の若さで亡くなられてしまいましたが、他の３人は今も現役でワインを造っています。たとえばブルゴーニュの伝説的な造り手はすでに亡くなっており、息子さんやお孫さんが継いでいて、本人に会えることは少ないのですが、ピエモンテの場合は今でも歴史的人物に会える、そこが楽しいところでもあります。

現代派／中道派／伝統派

バローロ・ボーイズのおかげで世界的に有名な高級ワインの仲間入りをしたバローロですが、もちろん、彼らとは異なる造り方の生産者もいます。バローロ・ボーイズが「現代派」と呼ばれるのに対して、昔ながらの造り方をする「伝統派」と呼ばれる人たちです。伝統派といっても、昔のままではありません。醸しの期間を短くしたり、樽醗酵・樽熟成を、ステンレスタンク醗酵・樽熟成に変えたりしていて、昔に比べると非常に飲みやすい味わいのワインを造っています。

現代派のバローロは、長期熟成に向かないものが多く、10年から20年の熟成を経たときにはじめて真価を発揮するバローロの醍醐味を損なっている、という指摘もあり

ます。だから、伝統派も残っているわけです。

そして今、主流なのが「中道派」と言われる、現代派、伝統派それぞれの長所を採用する生産者です。回転式醗酵槽も使いながらも、最後は大樽で熟成させるとか、小樽で少し熟成させてから、そのあとは大樽に移し替えるなど……。現代派も、だんだん中道派に移っていったり、未だに試行錯誤しながら造っています。ちなみに、元祖バローロ・ボーイズの現役3人も紆余曲折の末、現在ではバローロ・ボーイズを脱退しています……。

ここにバローロの代表的な生産者を挙げてみました(☛)。ワインショップやレストランでも見かけることが多い生産者ばかりです。明確に「〜派」と分類するのは難しいんですが、一般的には下の表のように言われることが多いと思います。

バルバレスコの変革

次にバルバレスコについてお話ししましょう。

バローロ同様、D.O.C.G.に昇格したのは1980年。[*1] 品種もバローロと同じくネッビオーロです。法定熟成期間が26ヶ月以上(そのうち木樽が9ヶ月以上)で、バローロよりは短く、生産量は約3分の1くらい。

バローロは「ワインの王であり、王のワインである」と言われているのに対

☛〈D.O.C.G. Baroloの代表的な生産者〉

★現代派	Elio Altare エリオ・アルターレ
	Ceretto チェレット
	Domenico Clerico ドメニコ・クレリコ
	Luciano Sandrone ルチアーノ・サンドローネ
	Paolo Scavino パオロ・スカヴィーノ
	Chiara Boschis キアラ・ボスキス
◆中道派	Aldo Conterno アルド・コンテルノ
	Vietti ヴィエッティ
	Elio Grasso エリオ・グラッソ
	Pio Cesare ピオ・チェーザレ
	Prunotto プルノット
■伝統派	Giacomo Conterno ジャコモ・コンテルノ
	Bruno Giacosa ブルーノ・ジャコーザ
	Giuseppe Rinaldi ジュゼッペ・リナルディ

＊1 日付は、バローロが7月1日だったのに対して、バルバレスコは10月3日とちょっとだけ遅いです。D.O.C.になったのはどちらも1966年4月23日

して、バルバレスコは、「バローロの弟分」「ピエモンテの女王」……と一歩下がった印象です。理由は、その歴史的背景にあります。

実は、バルバレスコは長年「バローロ」として売られていました。イタリアワイン法ができる前は、勝手に銘柄名を付けることができたので、よりよく売れるよう知名度の高いバローロを名乗っていたんです。

その状況を反省し、1894年に地元のブドウ生産者のひとりが立ち上がって、協同組合を作ります。それがこの「代表的な生産者」の表(☞)の4つ目、プロデュットーリ・デル・バルバレスコ(Produttori del Barbaresco)(バルバレスコ協同組合)です(☛)。彼らは一丸となって高品質なワイン造りに取り組み、これによってバルバレスコは世の中に知られるようになっていきました。今でもバルバレスコの4割はこの協同組合が生産しているんです。すごい量ですよね。なので、日本でも比較的手に入れやすい。しかも、コスパが素晴らしい！ 王道のバルバレスコって感じで、バルバレスコというワイン、ネッビオーロという品種を理解するのに最適なワインです。現在では50人ほどのブドウ生産者が組合員として所属しています。バルバレスコ協同組合の造るワインは、「イタリアのミシュラン」とも言える「ガンベロ・ロッソ」[*2]で最高評価の「トレ・ビッキエーリ(3つのグラス)」を獲得したこともあるんですよ。皆さんも、ぜひ試してみてください！

☞〈D.O.C.G. Barbarescoの代表的な生産者〉

Gaja ガヤ
Bruno Giacosa ブルーノ・ジャコーザ
Pio Cesare ピオ・チェーザレ
☛ Produttori del Barbaresco プロデュットーリ・デル・バルバレスコ
Prunotto プルノット
Cantina del Pino カンティーナ・デル・ピーノ
La Spinetta ラ・スピネッタ
Vietti ヴィエッティ
Marchesi di Gresy マルケージ・ディ・グレシー
Roagna ロアーニャ

バローロのところでも紹介した生産者もいますが、両方でワインを造る方は少なくありません

＊2　正確にはガンベロ・ロッソが出版するワインガイドブック「ヴィーニ・ディタリア」での評価。同社のレストランガイドは「リストランティ・ディタリア」

イタリアワインの帝王

協同組合以外では、やっぱりアンジェロ・ガヤ（Angelo Gaja）が有名でしょう。「イタリアワインの帝王」とも呼ばれています。近年ではピエモンテのみならずトスカーナでも上質なワインを造っていますが、彼が最初に自分のワインを世に知らしめたのはバルバレスコでした。

1961年、21歳で実家のワイナリーを継ぎ、バルバレスコの伝統的な造り方を守りながら、新しい試みを取り入れ、*バルバレスコのみならず、バローロにも大きな影響を与えるようになりました。バローロやバルバレスコが、アメリカをはじめ、世界の市場にまで広まったのは、彼の功績にもよるでしょう。

余談ですが、先日、私の西麻布のお店「ゴブリン」に、とても美しく、見るからに聡明な外国からのお客様がいらっしゃいました。スタッフがお話しさせていただくと、なんと、アンジェロ・ガヤさんのお嬢さんでした！　とても気さくな方で、セラーにあった1988年のスペルス（ガヤさんがリリースするワインの1つ）を見つけて、「私

＊ バローロの改革を踏まえながら、醗酵温度を管理してタンニンの過剰な抽出を抑えたり、小樽で熟成したり、単一畑でのワイン造りを行ったりしました

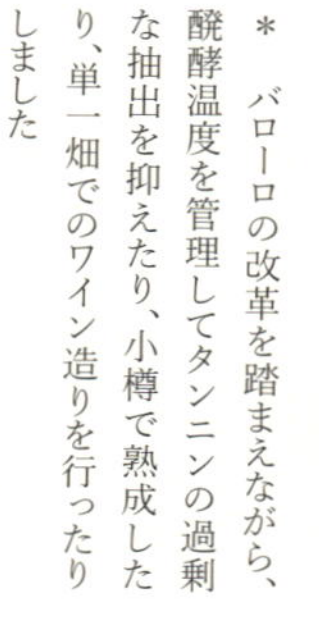

ガヤのリリースするワイン。上段は「バルバレスコ」、下段は左から「シト・モレスコ」「ソリ・サン・ロレンツォ」「プロミス」

が関わった最初のヴィンテージのワインなんです」って嬉しそうにおっしゃっていたそうです。

現在、バルバレスコを名乗っていい村(☛)は、まず、バルバレスコ村6。とても小さく、人口600人ほどで、村外に住みワイン造りをする人も多いです。そして、ネイヴェ(Neive)村7とトレイゾ(Treiso)村8のあわせて3つです。畑の総面積は約700ha。バローロが約2000haなので、約3分の1ですね。「バローロは畑が広く、そのため品質も値段もピンキリなのに対して、バルバレスコは精鋭ぞろいで品質が高い」という印象が私はあります。ラベル表記名は、D.O.C.G.バルバレスコかバルバレスコ・リゼルヴァ(Barbaresco Riserva)(P59)で、一部の畑名の付記(☞)が認められています。

他にもある、ネッビオーロのワイン

バローロ、バルバレスコの2大銘柄の陰になりがちですが、ネッビオーロから造られるピエモンテ州の高級ワインには、D.O.C.G.ガッティナーラ(Gattinara)3(P44)もあります(昇格は遅れること10年、1990年)。ブドウは生産地によって別名があって、これをフランス語で「シノニム(Synonyme)」と言い、世界共通のワイン用語にもなっているんですが、ガッティ

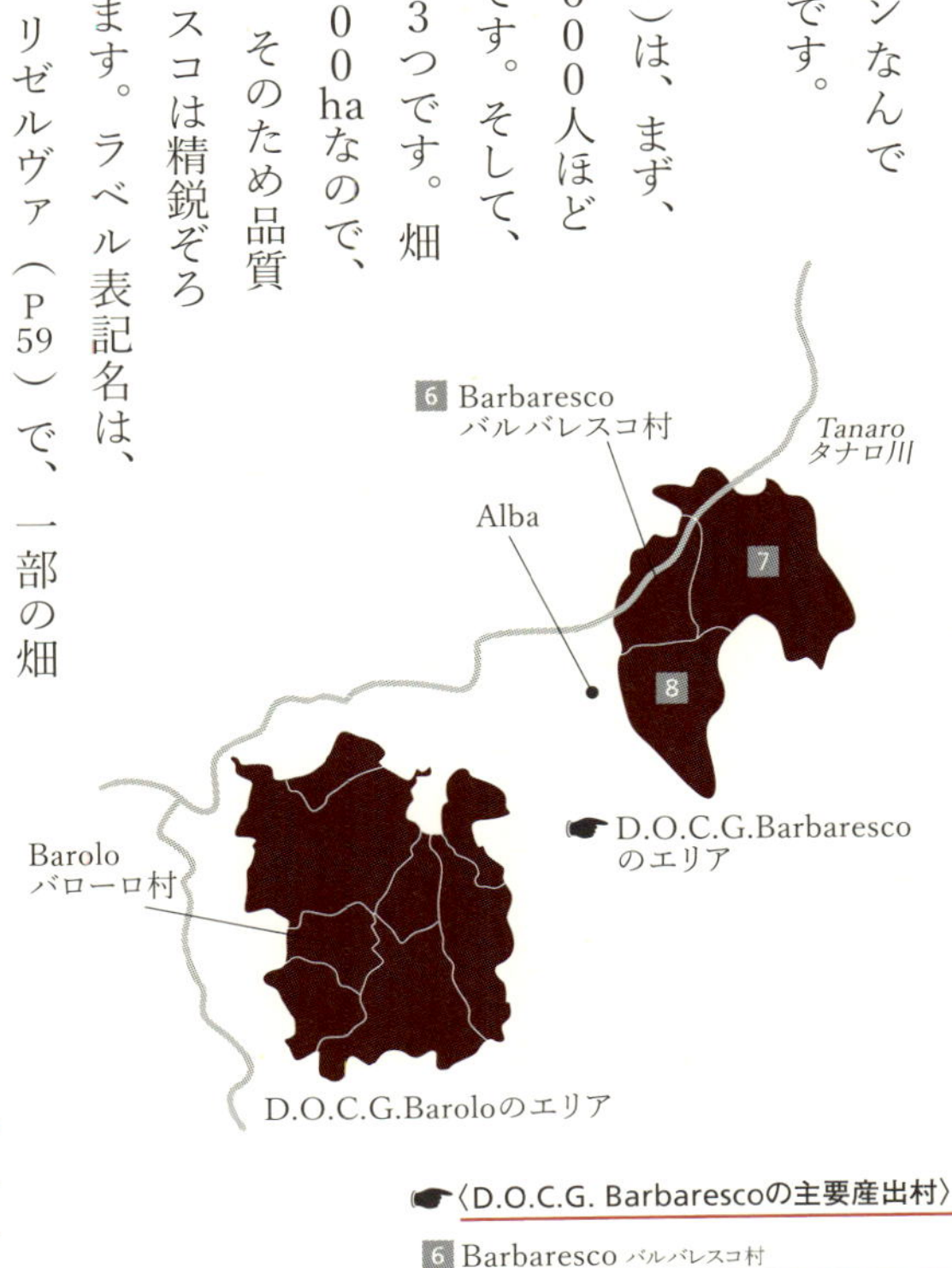

☞〈D.O.C.G. Barbaresco(Riserva)に付記できる畑(クリュ)名の一例〉

Asili アジリ
Bricco di Neive ブリッコ・ディ・ネイヴェ
Gaia Principe ガイア・プリンチペ
Rabajà ラバヤ
Starderi スタルデリ

☛〈D.O.C.G. Barbarescoの主要産出村〉

6 Barbaresco バルバレスコ村
7 Neive ネイヴェ村
8 Treiso トレイゾ村

ナーラでは、「ネッビオーロ」は「スパンナ（Spanna）」と呼ばれます。魚で言うと、東京の「クエ」が九州では「アラ」と呼ばれる感じですかね。スパンナ90％以上の使用規定で、2大銘柄と同様に長期熟成能力を持つ辛口の赤ワインです。

さらに規定がゆるくなって、85％以上となっているのが、D.O.C.G.ゲンメ（Ghemme）❹です。ガッティナーラよりも、味わいが女性的でエレガントなワインと言われています。

ネッビオーロで造った赤ワインをお手軽に飲みたいと思ったら、1つ格付けが下のD.O.C.ですが、ランゲ（Langhe）❶がおすすめです。お手頃価格で、おいしいワインですので、ぜひ知っておいてください。

地元人気のバルベーラ

さて、これまでネッビオーロを使うD.O.C.G.を4つ、D.O.C.を1つ見てきましたが、実は地元では、バルベーラ（Barbera）からの赤ワインも人気があります。たとえば、D.O.C.G.バルベーラ・デル・モンフェッラート・スペリオーレ（Barbera del Monferrato Superiore）❺。バルベーラはネッビオーロより、果実味も酸味も強く、皮に含まれるアントシアニンという色素が多いので、色がしっかり濃いです。ネッビオーロは若いうちは、タンニンがやや硬いのですが、バルベーラの若いうちから親しみやすく飲みやすいカジュアルな味わいは、ピエモンテーゼにはとても人気が高く、地元のバルベーラ派の人々にはネッビオーロは「弱い」とか「果実味が足りない」と思われています。家族のなかでもネッビオーロ好きとバルベーラ好きに分かれたりするらしいです。簡単に言うと、バルベーラが「地元

D.O.C.G.	赤	ロゼ	白	備考
❸ Gattinara ガッティナーラ	●			赤：スパンナ
❹ Ghemme ゲンメ	●			赤：スパンナ
❺ Barbera del Monferrato Superiore バルベーラ・デル・モンフェッラート・スペリオーレ	●			赤：バルベーラ

D.O.C.	赤	ロゼ	白	備考
❶ Langhe ランゲ	●	●	○	赤・ロゼ：ネッビオーロ他 白：アルネイス、シャルドネ他

消費型」で日常的に親しまれているのに対して、ネッビオーロは「輸出向け」。そもそも10年くらい寝かせないと飲めないワインだったので日常的にはあまり飲まれていなかったんです。

ネッビオーロを作っている生産者は、だいたいバルベーラやドルチェット（Dolcetto）、白ならシャルドネ（Chardonnay）も育てていたり、「一品種だけで勝負」という畑づくりをしていません。超有名でカリスマ的な造り手にはそうしている人もいますが、複数の品種を栽培してワインを造っているのがほとんど。ネッビオーロとバルベーラの2品種には住み分けがあったわけですが、ここ何年かでネッビオーロが飲みやすく、日常のほうに降りてきた感じがあるので、生産者によってはバルベーラから植え替える方もいます（ただし、バルベーラは収穫率がいいので作り続けている人も依然多いです）。

なぜほとんどの生産者が数種類のブドウを育てているかというと、ピエモンテはD.O.C.G.やD.O.C.を名乗れるエリアがさまざまに重なり合っているためです。逆に言うと、法律制定以前から複数品種のブドウが植えられていて、そのような状況に合わせて立法されたわけですが、同じ畑でも、植えるブドウの品種によって、複数の銘柄を名乗れる。つまり、さまざまなD.O.P.が造れるわけです。そのため、ひとりの生産者が、畑のレーン違いで違うブドウを育てたりしています。このあたりがブルゴーニュなどとちょっと考え方が違います。*

＊　ブルゴーニュでは畑ごとにA.O.C.がはっきり分かれていて、重なっていることはありません

さまざまなアスティ

D.O.C.G.バルベーラ・ダスティ（Barbera d'Asti）❻（☛）もまた、同じ畑でさまざまな銘柄を名乗れるような、イタリアならではの状況を示しています。エリアはD.O.C.G.アスティ（Asti）❼（☞）と一部重なっていますが、バルベーラ・ダスティは赤のみ生産可能です。一方、D.O.C.G.アスティは、ピエモンテを代表する白ブドウのモスカート・ビアンコ（Moscato Bianco）から造られます。スティルか微発泡しているやや甘口のモスカート・ダスティ（Moscato d'Asti）と、しっかり泡の入ったアスティ・スプマンテ（Asti Spumante）の2種類に分かれています。

その他、おさえておきたいピエモンテワイン

この土地の固有品種であるコルテーゼ（Cortese）を使ったすっきり系白ワイン、D.O.C.G.ガヴィ（Gavi）❽もおさえておきましょう。微発泡であるフリッツァンテ（Frizzante）（P58）も造られています。

D.O.C.G.ロエーロ（Roero）❾も忘れずに。赤のスティルと、白のスティル・泡があります。赤はネッビオーロ主体、白は少しトロピカルな風味のあるアルネイス（Arneis）という食用もされるブドウを使っています。

D.O.C.G.アルタ・ランガ（Alta Langa）❿もぜひ知っておいてください。瓶内二次醗酵で造ら

	D.O.C.G.	赤	ロゼ	白	備考
☛	❻ Barbera d'Asti バルベーラ・ダスティ	●			赤：バルベーラ
☞	❼ Asti アスティ			甘 発	白：モスカート・ビアンコ
	❽ Gavi ガヴィ			○ 発	白：コルテーゼ ・Frあり
	❾ Roero ロエーロ	●		○ 発	赤：ネッビオーロ 白：アルネイス
	❿ Alta Langa アルタ・ランガ		発	発	ロゼ・白：ピノ・ネーロ、シャルドネ

れるロゼ・白の泡ですが、ブドウ品種はロゼ・白ともにピノ・ネーロ（Pinot Nero）――ピノ・ノワールのシノニムですね――そしてシャルドネ。つまり品種や製法がシャンパーニュと同じなんです。しかも、法定最低熟成期間は30ヶ月と、シャンパーニュの15ヶ月よりもかなり長いんです。手間隙かけてじっくり造られた複雑味と、すっきりとした酸とミネラルが特徴でこれから注目のスプマンテです。

D.O.C.バルベーラ・ダルバ（Barbera d'Alba）❷とD.O.C.ドルチェット・ダルバ（Dolcetto d'Alba）❸もチェックしてください。アルバはバローロ、バルバレスコの間に位置する村で、白トリュフの名産地として世界的に有名です。旬は秋で、毎年10~11月にはアルバの白トリュフ祭りが開催されています。本当に香り高く、毎年待ち遠しいです！

ドンナ・セルヴァティカ

ピエモンテと言えば、ぜひ触れておきたいのが、2008年に亡くなった伝説のグラッパ職人、ロマーノ・レヴィ（Romano Levi）さんです。グラッパ（Grappa）とは、ブドウの絞りかすから造られる蒸留酒のことですが（フランスではマール（Marc）と呼ばれます）、こういう女の子の絵のエチケット、見たことないですか？

イラストのパターンはいくつかあって、全部レヴィさんの手描きのため、同じものは2つとありません。蒸留所に買いに行ってもひとり1本しか買えなかったらしく、描けた分だけボトリングするので、1日に数本しか造れなかったそうです。

レヴィさんは17歳で家業の蒸留所を継いで、グラッパを造りはじめたのですが、昔

ドンナ・セルヴァティカのラベル

D.O.C.	赤	ロゼ	白	備考
❷ Barbera d'Alba バルベーラ・ダルバ	●			赤：バルベーラ
❸ Dolcetto d'Alba ドルチェット・ダルバ	●			赤：ドルチェット

ながらの直火式蒸留で造っていました。現在主流の湯煎式の蒸留器と違い温度調整が難しく、使いこなすには相当の経験が必要なんですが、できあがるグラッパは、荒々しいアルコールを感じさせつつも、あくまで口当たりはやわらかで、唯一無二のバランスになるんです。私もこれまでに数本、レヴィさんのグラッパと巡り合ってきましたが、亡くなられてからより入手困難になってしまいました。もう出合うことはないかもしれません。現在ではお弟子さんが蒸留したものが、手描きではなくプリントされたエチケットで販売されています。もし手描きのものを見つけたら即買いですね！

ピエモンテの郷土料理

ピエモンテの郷土料理についても見ていきましょう。

まず、アニョロッティ・アッラ・ピエモンテーゼ（Agnolotti alla Piemontese）。アニョロッティとは、肉やチーズを詰めたパスタのことで、ラビオリの一種です。パスタの生地から自分たちで作るんですが、各家庭の味があって、お嫁さんが勝手に作ったらお姑さんから怒られるそうです（笑）。息子も「マンマのが最高だ！」と言うのが当たり前。映画『グラン・ブルー』の世界ですね。エンゾ（ジャン・レノ）が他の人が作ったパスタを食べていると、お母さんが「あんた誰のパスタ食べてんの！」ってめちゃくちゃ怒るという（笑）。それが実際に展開されています。お肉やチーズで濃い味なので、赤ワインと一緒に。気軽に楽しめるバルベーラ・ダルバなどがおすすめです。

今や世界中で食べられるバーニャ・カウダ（Bagna Cauda）は、ピエモンテの冬の料理で、発祥地だと言われています。日本でも大人気だと現地の人に伝えるとびっくりされました。ガヴィなど白ワインがよく合います。

ファッソーネ（Fassone）という赤身がおいしい牛もピエモンテの名産で、生でカルパッチョ風にしたり、タルタルみたいにしたり、ワインで煮込んだり……いろいろな調理法で食べます。なかでも、これぞピエモンテなのが、ブラザート・アル・バローロ（Brasato al Barolo）（牛肉のバローロ煮込み）。バローロで煮込んでいるんですから、相当高級なお料理ですよね。合うワインはもちろん同じバローロ！

牛肉料理では、茹でた肉をカルパッチョ風に調理したヴィテッロ・トンナート（Vitello Tonnato）が私の大好物の1つです。仔牛のお肉を茹でて薄切りにして、ツナを使ったマヨネーズ・ソースをかけたものです。牛とツナ（マグロ）なんて、合わないと思いきや、これがとても合うんです。自家製のマヨネーズで作るんですが、ピエモンテでは夏の定番前菜で、さっぱりとガヴィやアルネイス種のロエーロを合わせます。イタリア人シェフに教えてもらったおいしいレシピを載せておきますので、ぜひ作ってみてください。先ほどお話ししたように、ピエモンテのアルバは白トリュフの世界的な名産地なので、ソースにちょっぴり加えて、バローロ、バルバレスコを合わせるのもおすすめですが……贅沢すぎですね（笑）。

ちなみにイタリア料理でよく使われる仔牛（ヴィテッロ（Vitello））と仔羊（アニェッロ（Agnello））は、どちらも男性名詞です。なぜなら雌は仔を産んだり、乳を絞れたりするので大切に育てられるんですが、雄には用がないので仔のうちに食べちゃうから（笑）。ヴィテッロ・トンナート（男性形）はあっても、ヴィテッラ・トンナータ（女性形）はありません。

◎ヴィテッロ・トンナート

材料（作りやすい分量）

・仔牛のモモ肉（無ければ豚ロース肉などでも可）　100g

〈トンナートソース〉

・卵黄　1個
・全卵　1個
・レモンの絞り汁　0.5個分
・ツナ　1缶（80g）
・ケッパー　大さじ1杯
・アンチョビ　3フィレ
・サラダ油　200cc
・塩・胡椒　少々

1　仔牛のモモ肉に塩、胡椒をふり、熱したフライパンで強火で表面を焼く

2　130℃くらいのオーブンに1を入れ芯が温まるまで加熱し、冷ます。

ここまでの工程が面倒なら、70℃くらいのお湯でボイルしてもよい

3　ミキサーに卵黄、全卵を入れ、レモン汁を加え、混ぜる

4　3にツナ、ケッパー、アンチョビを入れさらに混ぜる

5　4にサラダ油を少しずつ加えマヨネーズ状に乳化させてソースを作る

6　2の肉をスライスして皿に盛り、5をかける

最後に、デザートもご紹介しておきましょう。なんと言ってもクーゲルフープ(Kugelhupf)が有名です。日本ではクグロフと呼ばれることが多いですが、イタリアだけでなくオーストリア、スイス、ドイツ、フランス一帯の地方菓子です。斜めにうねりの入ったクグロフ型に干しブドウの入ったブリオッシュ風の生地を入れ焼き上げます。ピエモンテ風に食べるなら、アスティ・スプマンテを合わせます。

さて、今日はここまでとしましょう。バローロ、バルバレスコの改革については少し難しかったかもしれませんが、今楽しまれている味わいの陰にあるドラマに胸躍りませんでしたか？　歴史やストーリーに思いを馳せて飲むと、ネッビオーロの味わい深さがよりいっそう増すと思います。ただ、かなり長い時間お話ししたので、私は今、飲み気より食い気が勝って、お腹がすいちゃいました(笑)。おいしいヴィテッロ・トンナートが食べたいですね！

特殊なワイン1

ヴェルモット (Vermouth)

ヴェルモットとは、白ワインにニガヨモギなどの薬草やスパイスを配合して造るフレーヴァードワインで、ピエモンテのトリノが発祥。ヴェルムート・ディ・トリノ(Vermouth di Torino)やチンザノ(Cinzano)という銘柄が有名です。

ヴェルモットには辛口と甘口があり、辛口はアペリティーヴォ（食前酒）に、甘口はディジェスティーヴォ（食後酒）としてよく飲まれています。ストレートやロックで楽しむだけでなく、マティーニやマンハッタンなど、カクテルにもよく使われます。

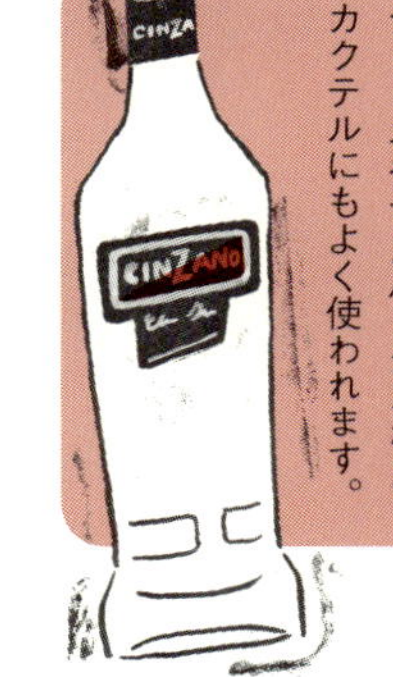

3日目

第二章

山麓地帯

2

ロンバルディア州
ヴェネト州
ヴァッレ・ダオスタ州
トレンティーノ - アルト・アディジェ州
フリウリ - ヴェネツィア・ジューリア州

L o m b a r d i a

ロンバルディア州

「泡」の一大産地

イタリア一裕福な州

D.O.C.G.フランチャコルタ

さて、今日はイタリア北部山麓地帯の、ピエモンテ以外の州を見ていきましょう。

まずはロンバルディア州。観光、農業、工業、ファッションで栄える、イタリアでもっとも裕福な州です。湖が多くて、湖畔はお金持ちの避暑地にもなっています。特にコモ湖周辺は超高級別荘地で、ハリウッドスターにも人気らしいです。

ガルダ湖というイタリア最大の湖（大きさは琵琶湖の半分くらい）もあり、同名のD.O.C.❶もあります。地図で見るとわかるように（☛）、隣のヴェネト州にまたがっているんですね（ルガーナというD.O.C.❷もまたがっています）。ガルダ湖の周辺は、北からの冷たい風を山が遮ってくれるおかげで、わ

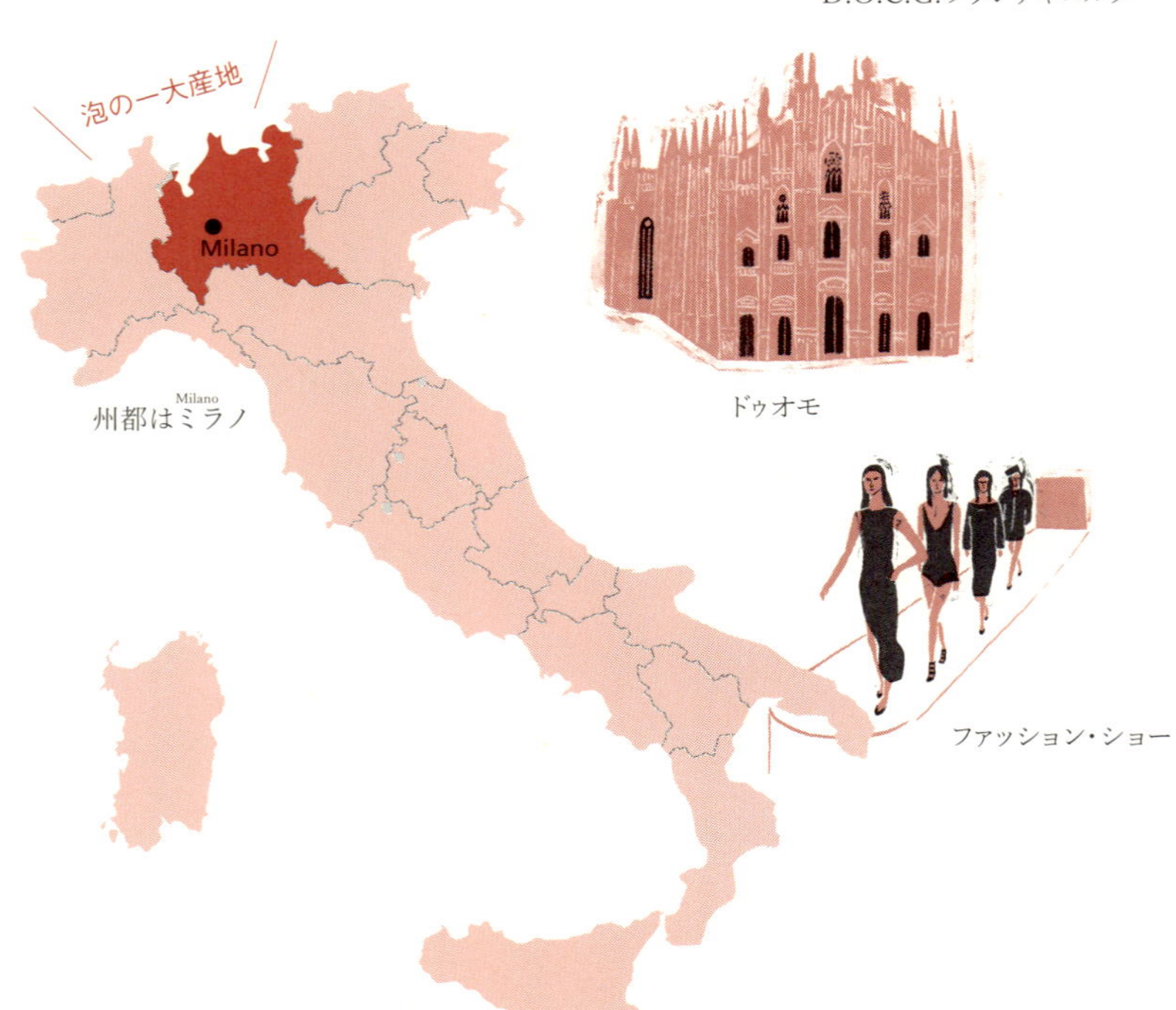

ドゥオモ

ファッション・ショー

りと温暖なので、オリーヴやレモンの木も栽培されています。

シャンパーニュのような泡

D.O.C.G.は5つしかないので、ピエモンテと比べると覚えやすいのではないでしょうか。ワイン生産量は、赤白でほぼ半々です。

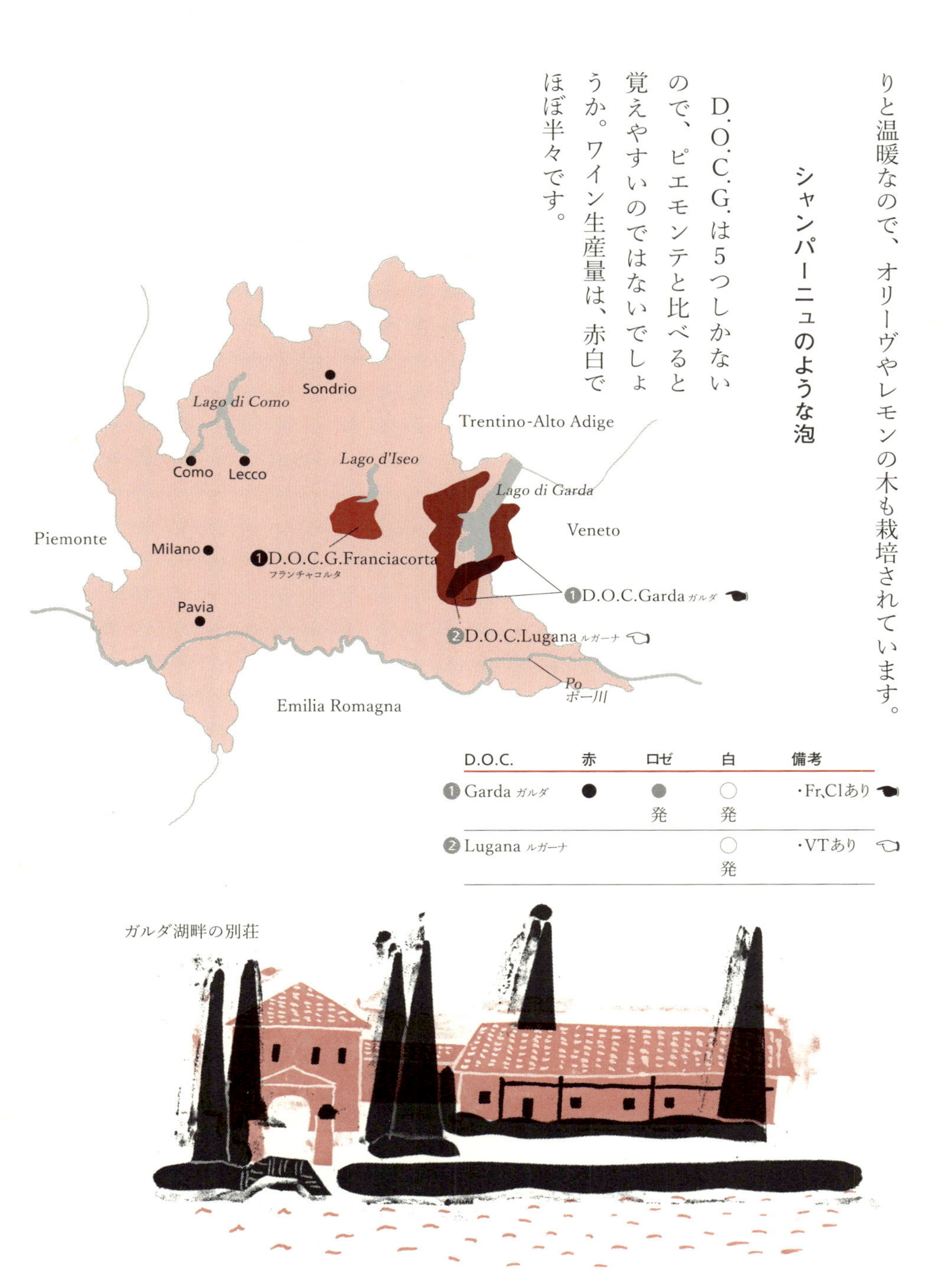

D.O.C.	赤	ロゼ	白	備考
① Garda ガルダ	●	● 発	○ 発	・Fr、Clあり
② Lugana ルガーナ			○ 発	・VTあり

ガルダ湖畔の別荘

まずは、ロンバルディアを代表するワイン、イタリア随一の高級スプマンテ、D.O.C.G.フランチャコルタ（Franciacorta）❶(☜)を見ていきましょう。手摘みで収穫したシャルドネ（Chardonnay）とピノ・ネーロ（Pinot Nero）(＝ピノ・ノワール（Pinot Noir）)を使って、*1 瓶内二次醗酵で造られます。製法はシャンパーニュ（Champagne）とほとんど同じ(メトード・クラッシコ（Metodo Classico）)なんです(P15)。違いはティラージュ（Tirage）(瓶詰め)後の法定熟成期間。フランチャコルタは18ヶ月以上と、シャンパーニュの15ヶ月よりも長い規定なんです。瓶内熟成を長くすることで、澱の成分がワインに溶け込んだりして、ワインに複雑さと旨味がより加わります。反面、フレッシュさや泡などは失われていきます。*2

生産地は、先ほど話したコモ湖とガルダ湖のちょうど間くらいにあるイゼオ湖（Lago d'Iseo）の南に広がっています。ミラノ（Milano）からなら車で1時間半もかからない距離なので、日帰りで行けるワイン産地ですね。日本で言うなら、東京から箱根まで行く感じでしょうか。

フランチャコルタの味わいは、シャンパーニュと比べると酸味がやわらかく果実味が豊かな印象です。フランスでのブドウ栽培の北限であるシャンパーニュ地方と比べると、温暖な気候と言えるので、より熟したブドウで造られるからです。

❸D.O.C.G.Valtellina Superiore
ヴァルテッリ・スペリオーレ
Sondrio
Lago di Como
Como
Lecco
Lago d'Iseo
Lago di Garda
Milano
☜❶D.O.C.G.Franciacorta
フランチャコルタ
Po
ポー川
Pavia
☛❷D.O.C.G. Oltrepò Pavese Metodo Classico／
オルトレポ・パヴェーゼ・メトード・クラッシコ
❸D.O.C. Oltrepò Pavese

*1 他にピノ・ビアンコ（Pinot Bianco）(＝ピノ・ブラン（Pinot Blanc）)が使えますが、シャンパーニュで使われる(ピノ（Pinot）・)ムニエ（Meunier）は使えません

*2 フランチャコルタでは、シャルドネ（Chardonnay）がブドウ栽培面積の80%を占めています。白ブドウのみで造られた、ガス圧が通常よりもちょっと低いものには、ラベルにサテン（Satèn）と表示することができます。通常より泡がやわらかく、口当たりもクリーミーでなめらかなので、夏にキリッと冷やして飲むのにぴったりです。たいていはシャルドネ100%ですが、ピノ・ビアンコも最大50%まで使うことができます

フランチャコルタのライバル

このフランチャコルタのレベルに追いつくのではないか？と今ささやかれているのが、D.O.C.G.オルトレポ・パヴェーゼ・メトード・クラッシコ（Oltrepò Pavese Metodo Classico）❷（☛）です。ミラノから南に車で1時間ほど走るとパヴィア（Pavia）という町があって、その先にポー川（Po）（☛）というイタリアでもっとも長い川があるのですが、それを越えたあたりで造られます。オルトレポが「ポー川の向こう側」、パヴェーゼが「パヴィアの地」という意味です。

元々メトード・クラッシコが付かないオルトレポ・パヴェーゼ（Oltrepò Pavese）というD.O.C.❸があり、これがロンバルディア州最大の生産量で、ミラノで日常的に消費されるスティルの赤、ロゼ、白といろいろなタイプのワインを造っていました。泡はシャルマ方式（Metodo Charmat）でも造られていますが、メトード・クラッシコのワインの品質が上がってきて、フランチャコルタに追いつき追い越せということになり、2007年にD.O.C.G.として独立したわけです。

フランチャコルタと違い、シャルドネではなくピノ・ネーロ主体で、ピノ・グリージョ（Pinot Grigio）（＝ピノ・グリ（Pinot Gris））も使用できます。黒ブドウ主体なので、よりボディがふくよかで果実味もさらに豊かです。

D.O.C.G.	赤	ロゼ	白	備考
☜ ❶ Franciacorta フランチャコルタ		発	発	ロゼ・白：シャルドネ、ピノ・ネーロ、ピノ・ビアンコ
☛ ❷ Oltrepò Pavese Metodo Classico オルトレポ・パヴェーゼ・メトード・クラッシコ		発	発	ロゼ・白：ピノ・ネーロ主体
❸ Valtellina Superiore ヴァルテッリーナ・スペリオーレ	●			赤：キアヴェンナスカ＝ネッビオーロ
❹ Sforzato di Valtellina スフォルツァート・ディ・ヴァルテッリーナ	●			赤：キアヴェンナスカ
❺ Moscato di Scanzo モスカート・ディ・スカンツォ	甘			赤：モスカート・ディ・スカンツォ

D.O.C.	赤	ロゼ	白	備考
❸ Oltrepò Pavese オルトレポ・パヴェーゼ	●	● 発	○ 発	・Fr、Psあり
❹ Valtellina Rosso ヴァルテッリーナ・ロッソ	●			赤：キアヴェンナスカ

ヴァルテッリーナ・スペリオーレ（P59）はD.O.C.G.❸ですが、ただのヴァルテッリーナ・ロッソだとD.O.C.❹です

バローロのライバル

お隣にあるピエモンテ州とのつながりを感じさせるワインもあって、それはネッビオーロ（Nebbiolo）から造られる（90％以上使用）赤のみのD.O.C.G.ヴァルテッリーナ・スペリオーレ（Valtellina Superiore）❸（P57）です。バローロのライバルとも言われています。

スイスとの国境近くのヴァルテッリーナ（Valtellina）渓谷で造られており、ここではネッビオーロは、キアヴェンナスカ（Chiavennasca）と呼ばれます（前にお話しした「シノニム（Synonyme）」です）。

陰干しブドウで造られるワイン

ブドウを陰干しして造ったワインもロンバルディアの名産です。

まずD.O.C.G.スフォルツァート・ディ・ヴァルテッリーナ（Sforzato di Valtellina）❹（P57）。「スフォルツァート」とは陰干しブドウで造られ、アルコール度数の高い（14％以上）辛口に仕上がる赤ワインです。

知っておきたいイタリアワインの言葉1

スプマンテ（Spumante）とフリッツァンテ（Frizzante）

イタリアでは基本的にはガス圧3気圧以上の発泡性ワインを「スプマンテ（Spumante）」、1～2.5気圧の弱発泡性ワインを「フリッツァンテ（Frizzante）」と定めています。では2.5～3気圧のワインをなんと言うのか。これが調べてもわかりません……。イタリアの生産者に聞いたり、ネットで調べたりしても「これはイタリアの不完全な法律だ（笑）」みたいな答えしか得られません……引き続き調べてみます。

スプマンテの甘辛度表示は、現在ではフランスのシャンパーニュ（Champagne）と同じ区分けで、名称だけが変わります。シャンパーニュの表示を知っている方には覚えやすいですね。ちなみに、同じスパークリングワインであるスペインのカヴァ（Cava）やドイツのシャウムヴァイン（Schaumwein）の甘辛度表示も、シャンパーニュと同じ区分けです。

〈スプマンテの甘辛度表示〉

甘辛度	表示	残糖量
辛口	Brut Nature ブルット・ナトゥーレ	3g/ℓ未満
↑	Extra Brut エクストラ・ブルット	0～6g/ℓ
	Brut ブルット	12g/ℓ未満
	Extra Dry エクストラ・ドライ	12～17g/ℓ
	Secco セッコ	17～32g/ℓ
↓	Semi Secco セミ・セッコ	32～50g/ℓ
甘口	Dolce ドルチェ	50g/ℓ超

陰干しして高まった糖分をアルコールに変化させきらずに、つまり辛口ではなく甘口に仕上げたのが、D.O.C.G.モスカート・ディ・スカンツォ（Moscato di Scanzo）❺（P57）です。アルコール度数もかなり高く（17%以上）なりますが、糖分もしっかり残っています。

ロンバルディアの郷土料理

では、ロンバルディアの郷土料理を見ていきましょう。

ワインだけでなく食材でもお隣のピエモンテとの共通点があり、牛肉が有名です。赤身の味わいがしっかりとしていて赤ワインがぐいぐい進んじゃう（笑）ブレザオラ（Bresaola）（牛肉のハム）や、コストレッタ・アッラ・ミラネーゼ（Costoletta alla Milanese）（仔牛のカツレツ・ミラノ風）などなど、いろいろな料理があります。オッソブーコ・アッラ・ミラネーゼ（Ossobuco alla Milanese）（仔牛のスネ肉の煮込みミラノ風）も名物です。スネ肉を骨つきのまま輪切りにして煮込んだもので、骨の髄まで、すくって食べられます。

地元の人は、こうした肉料理によく、ヴァルテッリーナ・スペリオーレを合わせています。私もミラノに行くと、彼らにならって、いろいろなマリアージュを試しています。

私の好きな、パネットーネ（Panettone）もご紹介しておきましょう。天然酵母を使ってゆっくり醗酵させたブリオッシュ生地に、レーズン、オレンジピールなどのドライフルーツを

コストレッタ・アッラ・ミラネーゼ

知っておきたいイタリアワインの言葉2

スペリオーレ（Superiore）とリゼルヴァ（Riserva）

ワインによってアルコール度数の規定がありますが、それを上回るワインに対して──たとえば、13度以上の規定に対して14度など──「スペリオーレ」と表記できます。アルコール度数が高いということは、基本的にブドウがよく熟し糖分が高まったと考えられます。つまり、酒の旨みや甘味などを作り出すエキス分（不揮発性成分の糖分や、糊精、乳酸など）も多くなっていると捉えられ、ワインの評価は高まります。

また、アルコール度数ではなく「熟成期間」が規定より長い場合は「リゼルヴァ」と表記できます。

刻んで混ぜこみ焼き上げた、ドーム型の菓子パンです。クリスマスの風物詩で、クリームなどを添えて、家でもレストランでも食べる習慣があります。

耳寄りなミラノの食情報

州都ミラノには、旅行される方も多いと思いますので、この州の授業の最後に、耳寄りな情報を2つご紹介しましょう。

イタリア語で食前酒のことを「アペリティーヴォ（Aperitivo）」と言いますが、同時に、バールのハッピーアワーのことも指します。1990年代にはじまったミラノ発の文化なんですが、日本の、いわゆる「ビールが半額」みたいなハッピーアワーとはお得感がぜんぜん違うんです。だいたい18～21時まで行われていて、1杯6～8ユーロくらいなのに、なんとビュッフェスタイルの食事付き！　生ハムやチーズ、サンドウィッチといったちょっとしたつまみだけのお店もあれば、カプレーゼやフリット、パスタやリゾット、お肉の煮込みなど、それだけでお腹いっぱい食べられるお店もあるんです。しかも食べ放題ですから、人気店は若い人たちでいつもいっぱい。

私のお気に入りのワインバーもぜひ訪ねてください！　エノテカ・イル・カヴァランテ（Enoteca Il Cavallante）というお店です。「エノテカ」はイタリア語で酒屋、ワイン屋の意味。ここも、ワインの小売はしてはいるんですが、皆さんその場で飲むのを目的に来ています。グラ

＊　イタリアでは、エノテカ・イル・カヴァランテ（Enoteca Il Cavallante）に限らず、甘口ワインを「瞑想ワイン」と呼んだりしますが、他の国でも、たとえばオーストリアでも、貴腐ワインをそう表現することがあります（P114）

スワインが充実していて、リストが泡(Bollicine)、白(Bianco)、赤(Rosso)、さらに瞑想(Meditazione)*と分けられており、それぞれ日替わりで約5種類ずつラインナップしています。定番からマニアックなものまでいろいろ揃っていて、リーズナブルで、しかも最初のひとくちは味見をさせてくれるという、なんとも太っ腹なサービス。おまけに味見の量がひとくちなんてもんじゃない(笑)。店内にはたくさんのワインボトルがディスプレイされていて、眺めながら飲むのも楽しいし、それぞれにわかりやすく太いペンで値段が書いてあるので、ボトルで飲みたいときも、気が楽です。ラベルを見ながら選べるのも楽しいですね。さらに気さくで陽気な看板娘!?のジュリアに会えれば、言うことなし。このお店の虜になること間違いなしです!

Veneto

ヴェネト州

カジュアルイタリアンの定番ワインを生産

水の都ヴェネツィア、文化都市ヴェローナ

次にヴェネト(Veneto)州です。「水の都」、州都ヴェネツィア(Venezia)とともに、ロミオとジュリエットの舞台としてヴェローナ(Verona)もよく知られていますね。街の中心をアディジェ(Adige)川がS字に流れ、ところどころに遺跡があって歩くのが楽しい街です。円形闘技場アレーナで、夏の夜風に吹かれながら、ワイン片手に野外オペラを見るのもおすすめ。絢爛豪華な劇場で観るのとはまた違った趣がありますよ。

　ヴェネツィアは、中世にヴェネツィア共和国の首都として繁栄し、「アドリア海の女王」、「アドリア海の真珠」という異名を持ちます。また、ヴェネトは魚介が豊かで、それに合わせやすい白ワインがたくさん造

D.O.C.ソアヴェ・クラッシコ

Venezia

州別ワイン生産量はよくトップに!

州都はヴェネツィア(Venezia)。イタリアにしては平野部が広いのが特徴です

リアルト橋とゴンドラ

られています（生産割合は約76％）。ワインの生産量は全20州でよくトップになっていて、D.O.P.ワインの生産が全体の約半分を占めます。D.O.C.G.の数は14で、ピエモンテの17に次ぐ多さです。

数ある白ワインのなかでも、代表的なのはなんと言ってもD.O.C.ソアヴェ（Soave）❶（P64）でしょう。日本でもカジュアルなイタリアンなどでよく飲まれています。では、まずそのソアヴェから、詳しく見ていきましょう。

ソアヴェの堕落と復権

D.O.C.ソアヴェはガルガーネガ（Garganega）という白ブドウを70％以上、残りはトレッビアーノ・ディ・ソアヴェ（Trebbiano di Soave）かシャルドネ（Chardonnay）、さらにD.O.C.ソアヴェのエリアで栽培が認められている白ブドウなら5％までブレンド可能、という規定になっていて、白のスティルと発泡性ワインが生産されています。

ソアヴェはたくさんのワイナリーで造られていますが、定番の優良生産者と言えばピエロパン（Pieropan）やイナマ（Inama）、アンセルミ（Anselmi）でしょうか。ただ、アンセルミのワインのエチケットにはもう「Soave」と書かれていません……その理由はのちほどお話しします。

ソアヴェはもともと、地元ヴェローナで飲まれる白ワインとして長年造られていました。しかし、その軽やかでミネラル感のある味わいや「ソアヴェ」というなんとなくクールでオシャレな音の響きもあってか、だんだんと地元以外でも知られるようになり、やがてイギリス人やアメリカ人に爆発的な人気が出ました。その結果、大量生産

円形闘技場「アレーナ」

に走ってしまいます。もともとは、ガルガーネガ本来のよさが発揮されるソアヴェ村の丘陵地の一区画だけで造られていましたが、どんどん畑を広げ、裾野の平野部でも生産するようになり、クオリティもピンキリになってしまいました。そこで、もともとの区画をD.O.C.ソアヴェ・クラッシコ（Soave Classico）*として、新興のソアヴェと区別するようにしたんです。それでもソアヴェの品質低下は避けられず、だんだんと凡庸でただの飲みやすい白ワインになってしまいました。

そんな状況に歯止めをかけるべく、90年代後半に何人かの生産者が立ち上がります。彼らは設備や畑仕事にもこだわって、収量を減らしたり、バリックを使ってみたりと、ソアヴェの品質向上に努めました。その甲斐あって、現在の「ソアヴェ」のイメージ――上品で華やかな香りと豊富なミネラル感を持つイタリアを代表する白、という評価があるわけです。

しかし、改革者のひとり、先ほど挙げたアンセルミさんは、1999年にD.O.C.を脱退してしまいました。品質は向上したものの、ソアヴェ全体の足並みが揃わず、改革がなかなか進まない状況に嫌気がさしていたようです。今彼のワインは、I.G.T.ヴェネトという下位の格付けになっています。脱退時に彼が残した「愛するソアヴェよ、さようなら」というコメントはワイン業界で話題となりました。

ヴェネトを代表するもうひとつの白ワイン

ガルガーネガの他にヴェネトに特徴的な白ブドウが、グレーラ（Glera）です。もともと

＊「クラッシコ」は昔からある特定のブドウ畑から造られたワイン

D.O.C.	赤	ロゼ	白	備考
❶ Soave ソアヴェ			○ 発	白：ガルガーネガ主体 ・Clあり
❷ Prosecco プロセッコ			○ 発	白：グレーラ主体 ・Frあり

D.O.C.G.	赤	ロゼ	白	備考
❶ Soave Superiore ソアヴェ・スペリオーレ			○	白：ガルガーネガ主体 ・Clあり
❷ Recioto di Soave レチョート・ディ・ソアヴェ			甘 発	白：ガルガーネガ主体 ・Clあり

D.O.C. ソアヴェ❶に「スペリオーレ（P59）」がつくと辛口・白のD.O.C.G.❶になります。「レチョート・ディ」とつくと、甘口・白のD.O.C.G.❷です

プロセッコという品種名だったものを、プロセッコがD.O.C.名でもあり品種名でもあるため、わかりにくかったので、品種名のほうをプロセッコのシノニムだった「グレーラ」として、D.O.C.名のほうをD.O.C.プロセッコ❷として残しました。日本ではなんとなくイタリアの泡（スプマンテ）の代名詞的な扱いを受けていますが、実は白のスティルワインも造られています。ヴェネトで「プロセッコをください」と頼むと、「泡とスティルどっち？」と聞かれるかもしれません。

また、最近認定されたD.O.C.G.リソン❸(☛)も今後評価が高まっていくと思うので、注目してほしい白ワインです。白のみ生産可能で、主要品種はタイ。以前はトカイ・フリウラーノと呼ば

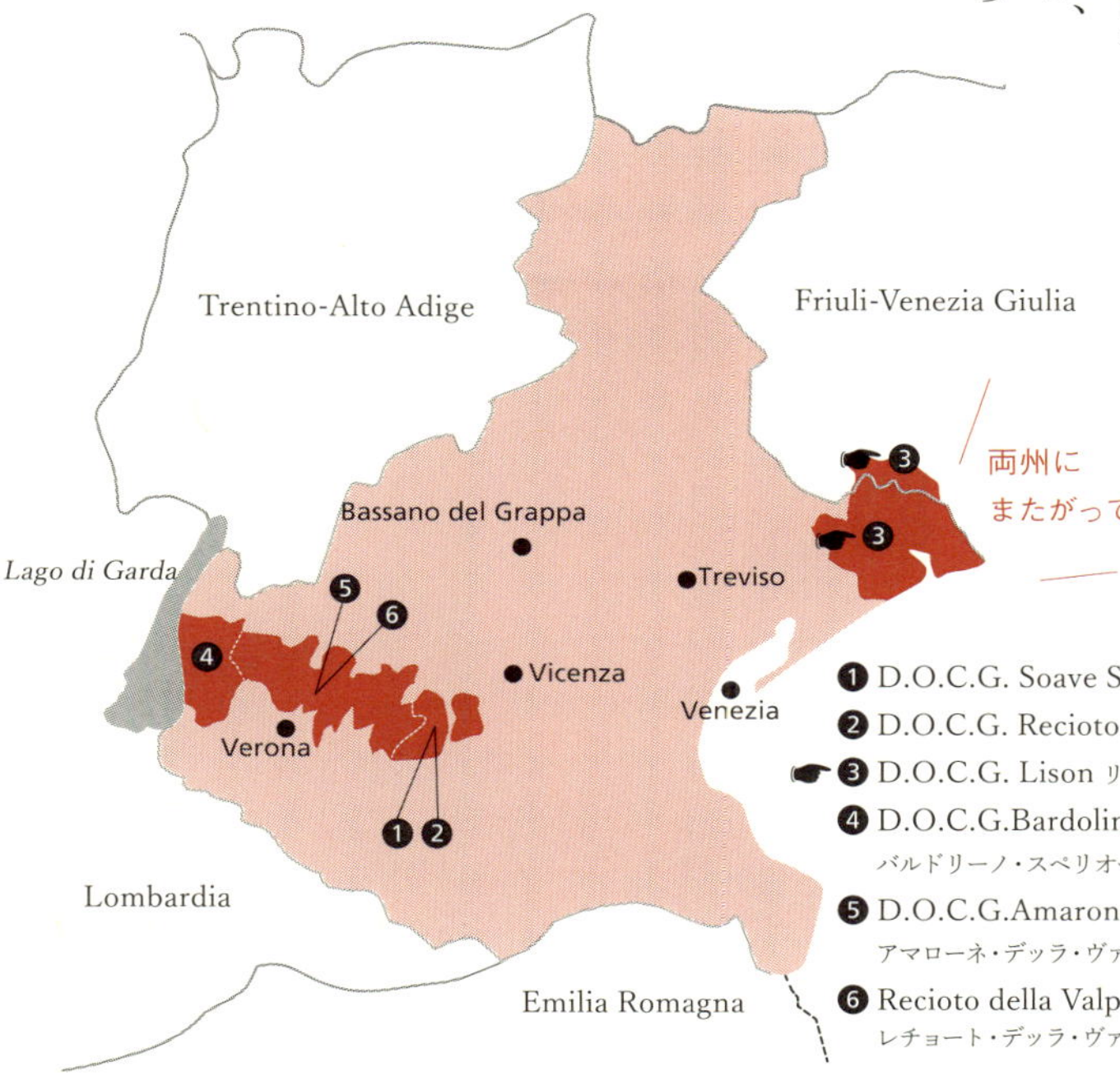

Trentino-Alto Adige
Friuli-Venezia Giulia
両州にまたがっています
Bassano del Grappa
Lago di Garda
Treviso
Vicenza
Venezia
Verona
Lombardia
Emilia Romagna

❶ D.O.C.G. Soave Superiore ソアヴェ・スペリオーレ
❷ D.O.C.G. Recioto di Soave レチョート・ディ・ソアヴェ
☛❸ D.O.C.G. Lison リソン
❹ D.O.C.G.Bardolino Superiore バルドリーノ・スペリオーレ
❺ D.O.C.G.Amarone della Valpolicella アマローネ・デッラ・ヴァルポリチェッラ
❻ Recioto della Valpolicella レチョート・デッラ・ヴァルポリチェッラ

D.O.C.G.	赤	ロゼ	白	備考
☛❸ Lison リソン			○	白：タイ ・Clあり
❹ Bardolino Superiore バルドリーノ・スペリオーレ	●			赤：コルヴィーナ主体 ・Clあり
❺ Amarone della Valpolicella アマローネ・デッラ・ヴァルポリチェッラ	●			赤：コルヴィーナ主体 ・Clあり
❻ Recioto della Valpolicella レチョート・デッラ・ヴァルポリチェッラ	甘 発			赤：コルヴィーナ主体 ・Clあり

アマローネ・デッラ・ヴァルポリチェッラ❺は2年以上の熟成義務があります

れていた品種ですが名前が変わりました。ブドウの品種名が変わるなんて、フランスではあまり聞いたことがない話ですが、イタリアではけっこう起きるんですね……。

ちなみに、リソンは2011年にD.O.C.G.に昇格しています。ヴェネトのD.O.C.G.14個のうち、2008年より前は、3つ（ソアヴェ・スペリオーレ（Soave Superiore）❶、レチョート・ディ・ソアヴェ（Recioto di Soave）❷、バルドリーノ・スペリオーレ（Bardolino Superiore）❹、P64、65）しかなかったんです。急増した理由の1つに、2009年からのEU新ワイン法の適用があると言われています。その際、イタリアでもワイン法が改めて整備され、D.O.C.からD.O.C.G.に昇格するための規定がいろいろ変わることになり、生産者は慌てて申請したというわけです。

新ワイン法では、D.O.C.G.とD.O.C.はまとめてD.O.P.に分類されることになっていますが、ラベル表示では新旧両方の表示が認められており、実際のところ、新ワイン法での表示はあまり普及していません。現在市場に出ているイタリアワインのほとんどに、D.O.C.G.やD.O.C.という従来の格付けが記されています。

ヴェローナワインの王

次に、ヴェネトの赤ワインを見てみましょう。
コルヴィーナ（・ヴェロネーゼ）（Corvina (Veronese)）という品種から造られるD.O.C.G.バルドリーノ・スペリオーレ（Bardolino Superiore）❹（P65）は、2008年以前からD.O.C.G.だった数少ないワインです。
同品種からは、通称「ヴェローナワインの王」、D.O.C.G.アマローネ・デッラ・ヴァ（Amarone della Valpolicella）

D.O.C.	赤	ロゼ	白	備考
❸ Valpolicella ヴァルポリチェッラ	●			赤：コルヴィーナ主体 ・Clあり
❹ Valpolicella Ripasso ヴァルポリチェッラ・リパッソ	●			赤：コルヴィーナ主体 ・Clあり
❺ Bardolino バルドリーノ	●	● 発		赤・ロゼ：コルヴィーナ主体 ・Clあり

D.O.C.バルドリーノ❺に「スペリオーレ（P59）」がつくとD.O.C.G.❹になります。D.O.C.ヴァルポリチェッラ❸に「アマローネ・デッラ」がつくとD.O.C.G.❺です（P65）

ルポリチェッラ❺（P65）も造られています。王というだけあって、ヴェネトのワインのなかで一番お値段が張るんです。

単なるヴァルポリチェッラ（Valpolicella）は、D.O.C.❸です。これに、「ヴィナッチャ（ブドウの絞りかす）」を入れて再醗酵させることでコクや風味を足すと、D.O.C.ヴァルポリチェッラ・リパッソ（Valpolicella Ripasso）❹となります（アマローネ・デッラ・ヴァルポリチェッラ❺やレチョート・デッラ・ヴァルポリチェッラ❻P65の絞りかすを使います）。ユニークな製法のワインなのでぜひ覚えておいてください。

ヴェローナワインの王

特殊なワイン2

レチョート（Recioto）とアマローネ（Amarone）

ロンバルディア（Lombardia）州では、スフォルツァート・ディ・ヴァルテッリーナ（Sforzato di Valtellina）とモスカート・ディ・スカンツォ（Moscato di Scanzo）を取り上げましたが（P58〜59）、イタリアには、陰干しして糖度を高めたブドウで造ったワインが他にもいくつかあります。

特にヴェネト（Veneto）州のものが有名です。甘口のデザートワインをイタリアでは「パッシート（Passito）」と言いますが、ヴェネト州で造られたものは特に「レチョート（Recioto）」と呼ばれます。代表的な銘柄がD.O.C.G.レチョート・ディ・ソアヴェ（Recioto di Soave）。ソアヴェなので、ブドウは同じガルガーネガ（Garganega）（70%以上）。この銘柄はスプマンテ（Spumante）も生産可能なんです。つまり、甘口の泡がありえるということ。ユニークですよね。

また、陰干しした黒ブドウで造る辛口の赤ワイン、つまりロンバルディア州で言うところの「スフォルツァート」を、ヴェネト州では「アマローネ（Amarone）」と呼びます。イタリアでは州ごとに製法や品種の呼び名がよく変わるんですよね。ちなみに、このアマローネですが、「苦い」という意味を持ちます。甘口ではなく辛口であることからくる名前です。アルコール度数は14.5〜15%くらいで、凝縮感があり、奥行きのある味わいながら、タンニンがなめらかでエレガント。ジビエの鴨のローストなど、風味は濃厚だけど脂が少なくサッパリしているようなお肉料理と合わせるのがおすすめです。

アマローネの生産者としては、ジュゼッペ・クインタレッリ（Giuseppe Quintarelli）（上イラスト）が圧倒的なカリスマで、アマローネの最高峰を造っています。飲む機会は滅多にないと思いますが、一度は飲んでみてほしいワインです！

〈陰干しブドウを用いたワイン〉

Passito パッシート	甘口ワイン
Recioto レチョート	ヴェネト州で造られるパッシート
Amarone アマローネ	・“苦い”という意味を持つ、ヴェネトで造られる辛口ワイン ・陰干しブドウの糖分をすべてアルコール醗酵させ辛口に仕上げたもの
Sforzato スフォルツァート	ロンバルディア州でアマローネと同様に造られる辛口ワイン
Vin Santo ヴィン・サント	・陰干しブドウから造られたワインを樽に入れ、熟成させたもの ・産膜酵母が付く場合もあり、味わいのタイプは甘口、中甘口、辛口 ・トスカーナ州で多く生産され、主に白ブドウから造られるが、黒ブドウから造られたものに関しては、その色調から“オッキオ・ディ・ペルニーチェ（Occhio di Pernice）（=ヤマウズラの眼）”と表示される（P114）

ヴェネトの郷土料理

では、ヴェネトの郷土料理を見ていきましょう。

まず日本でもポピュラーな料理からご紹介すると、カルパッチョ（Carpaccio）。これはヴェネツィア発祥の料理なんです。日本では刺身のように薄切りにした魚をお皿に並べて、オリーヴオイルやレモンで味付けしたものというイメージですが、あれは東京のイタリアン・レストラン「ラ・ベットラ・ダ・オチアイ」の落合務シェフの創作料理と言われています。今や、本場イタリアでも魚のカルパッチョを見かけますが、もともとは生肉料理で、薄切りにした生の牛肉のマヨネーズソースかけのこと。ヴェネツィアにある名店ハリーズ・バーの店主、ジュゼッペ・チプリアーニ（Giuseppe Cipriani）が考案したそうです。ルネサンス期のヴェネツィア派の画家であるカルパッチョの生誕500周年の絵画展が1963年に開かれた際、カルパッチョの絵画の特徴が赤と白の美しい色づかいだったところから、鮮やかな赤身のお肉とマヨネーズソースを使ったこの料理を考案し、「カルパッチョ」と名付けたとのこと。

内陸のヴェローナは、肉料理中心で牛肉もおいしいですが、もともと馬肉を食べる文化もあります。赤ワインとスパイスでじっくり煮込んだ、パスティッチャータ・ディ・カヴァッロ（Pasticciata di Cavallo）（馬肉の煮込みヴェローナ風）が名物。ヴェローナのレストランに行くと、たいていメニューにあって、私は毎回オーダーしちゃいます。

ハリーズ・バー（Harry's Bar）の窓。桃とスプマンテ・プロセッコを使ったカクテル「ベリーニ（Bellini）」の発祥の店としてもよく知られています

野菜にも名産がいくつかありますので、ご紹介しましょう。

まず、グラッパの名前の由来ともなった、バッサーノ・デル・グラッパ（Bassano del Grappa）（☛）という街は、ホワイトアスパラが有名です。旬の春になると地元の皆さんはこぞって食べています。軽くボイルしてサラダに入れたり、くたくたに茹でて、つぶしたゆで卵と食べたりするのがポピュラーです。

内陸にあるトレヴィーゾ（Treviso）（☞）という街は、ラディッキオ（Radicchio）が名産です。チコリやエンダイブの仲間の野菜で、日本では紫キャベツのように丸いタイプが、フランス語名「トレビス」で知られていますが、イタリアでは「ラディッキオ・ディ・キオッジャ（Radicchio di Chioggia）」と呼ばれます。ただ、トレヴィーゾの冬の代名詞と言えば、筆のような形の「ラディッキオ・ロッソ・ディ・トレヴィーゾ（Radicchio Rosso di Treviso）（別名ラディッキオ・タルディーヴォ（Radicchio Tardivo））」です。現代アートのような流麗なフォルムと艶やかな赤紫色で冬の市場に華を添えます。他にも、縦長の「プレコーチェ（Precoce）」というタイプもあります。シンプルに炒めて食べたり、リゾットにしたり、ピッツァの具にしたりと大活躍の高級野菜です。ほろ苦い旨味がクセになっちゃいます。

ヴェネトは米どころとしても有名で、特にヴィアローネ・ナノ（Vialone Nano）という品種のお米は少し丸みを帯びた形で、煮くずれしにくいのでリゾットに適しています。リージ・エ・ビージ（Risi e Bisi）（グリーンピースとベーコン入りリゾット）は、ヴェネトの春の風物詩です。ヴェネツィ

ラディッキオ・タルディーヴォ

ア の守護聖人サン・マルコ（San Marco）——その名を冠した広場も有名ですね——の祝日が4月25日で、この日はヴェネツィア中でリージ・エ・ビージを食べると言います。合わせるワインはやっぱりソアヴェですね。

リージ・エ・ビージの作り方はいろいろあるんですが、一例をご紹介しましょう。イタリアのお米を使うとより本格的ですが、日本のお米でもおいしくできますよ。

◎リージ・エ・ビージ

材料（2人分）

・生の米　1カップ
・ブイヨン　4カップ程度
・ベーコン　20g
・玉ねぎ　1／4個
・生のグリーンピース　適量
・粉チーズ（シュレッドチーズでも）　適量
・オリーヴオイル　適量
・塩、胡椒　適量

1　鍋にブイヨン（鶏ガラスープの素や、固形のブイヨンの素を使ってもよい）を温めて、むいた生のグリーンピースをさっと茹で、取り出しておく。できればむいて残ったさやもしばらくブイヨンに入れて茹で、グリーンピースの風味付けをする

リージ・エ・ビージ

2　別の鍋にオリーヴオイルをひいて、刻んだ玉ねぎ、ベーコンを炒め、玉ねぎが透明になったら生の米を洗わずに入れて、一緒に弱火で炒める

3　米に火が入ってやや半透明になってきたところで、温めておいたブイヨンを加え、ひたひたにした状態で炊く。水分が減ったら温かい1のブイヨンを随時足していき、ひたひた状態をキープしながら煮る（約20分）

4　米が好みの硬さになったところで1の茹でたグリーンピースと粉チーズ、オリーヴオイルを加えてよく混ぜ、火を止める。ふつうのリゾットよりもやや水分多めで仕上げるのがポイント

5　お皿に盛り付けて胡椒を振る

ヴェネトのお店情報

ヴェネトへは観光で訪れる方も多いと思いますので、いくつかお店もおすすめしておきます。

ヴェネツィアでは、地元でバーカロ（Bacaro）と呼ばれる立ち飲みの居酒屋にぜひ寄ってみてください。いわゆるバールのことですが、1つ1ユーロくらいでいろんなつまみが楽しめるんです。一口前菜のことをスペインではピンチョスと言いますが、バーカロではチケッティ（Cicchetti）と呼ばれています。大きなお皿にきれいに並べられたイワシや採れたての魚介のマリネ、またはシンプルに切りたての生ハムをバゲットに山盛りにしたものなど、メニューが豊富です。

私のおすすめのバーカロは、リアルト橋（Ponte di Rialto）を渡ったところにある、「アッラルコ（All'Arco）」です。ひと手間かけられたチケッティはどれも秀逸な味で、ついついプロセッコがすすんじゃう（笑）。ヴェネツィアに行ったなら必ず立ち寄ります。

バーカロでしか飲めない密造ワインがあって、フラゴリーノ（Fragolino）（いちごの香りがするという意味）と言うのですが、ご存じですか？　19世紀のフィロキセラの被害（ブドウネアブラムシによる虫害）のときに、アメリカから接木のために輸入された耐性のあるブドウの木のうち、使われなかった台木に実ったブドウで造ったワインです。それらの木はラブルスカ系で実（み）は特有の甘い香りがします。一応法律では造ってはいけないことになっているので、ラベルを貼って売ることはできないんですが、置いてあるバーカロがけっこうあって、飲ませてくれます。ちょっと田舎に行くと自分たちで飲むために自家製フラゴリーノを造っている方もけっこういるみたいです。めずらしいので、見つけたらぜひ飲んでみてください。

そしてヴェネツィアと言えば、なんと言ってもバッカラ（Baccalà）（干し鱈）*料理です。おすすめのお店を一軒ご紹介しましょう。

バッカラ・ディヴィーノ（Baccalà Divino）というバッカラ料理専門店です。前菜ならバッカラ・マンテカート（Baccalà Mantecato）という、水で戻したバッカラを茹で汁とオイルで乳化させてペースト状にした料理がおすすめ。カリカリに焼いた薄切りのバゲッ

＊ 本来バッカラは塩鱈を指しますが、ヴェネト州では一般的には「ストッカフィッソ（Stoccafisso）」と呼ばれる干し鱈のことを言います

バッカラ

アッラルコ

トに載せて食べます。合わせるのはプロセッコがいいでしょう。メインディッシュなら、バッカラ・アッラ・ヴィチェンティーナ（Baccalà alla Vicentina）（干しダラのヴィチェンツァ風）という、水で戻したバッカラを玉ねぎ、アンチョビ、ケッパーとともに牛乳で煮込んだ料理などが有名です（これにはソアヴェ・クラッシコが合います）。

ちなみにこれらの料理の付け合わせですが、必ずと言っていいほどポレンタ（Polenta）というトウモロコシの粉を粥状に煮たものが添えてあります。そのままペースト状のものもありますし、型に流して冷やし固めたものをカットしてグリルして出てくる場合もあって、ヴェネツィアに行くと、ポレンタを食べ続けることになります。これがけっこうお腹にたまるんです（笑）。

また、ヴェローナでは、アンティカ・ボッテガ・デル・ヴィーノ（Antica Bottega del Vino）というレストランに、ぜひ行ってみてください。今の形になったのが1890年という歴史あるお店で、名物料理はアマローネのリゾット。アマローネの色そのままで、濃厚な味わいが全面に出ている、ワイン好きにはたまらない、病みつきになってしまう一皿です。

実は2010年頃に経営破綻してしまったのですが、この店をヴェローナからなくしてはならないという多くの方の力

特殊なワイン3

グラッパ（Grappa）

ピエモンテ（Piemonte）の章で、グラッパの伝説的職人ロマーノ・レヴィ（Romano Levi）さんの話をしましたが（P47）、ヴェネト州のバッサーノ・デル・グラッパ（Bassano del Grappa）もグラッパの名産地です。その名の通り、グラッパという名前はここから取られたと言われています。

真冬にヴェネツィアに行ったときは朝からバールでグラッパをくいっと引っ掛けてから仕事に行く人をいっぱい見ました。寒いから体を温めるためにロシアのウォッカのように飲んでるんですね。

グラッパには、樽で熟成した琥珀色のものと、樽熟していない無色透明のものがあり（フランスのマール（Marc）も同様）、食後にぐいっと飲むんだったら無色透明のもののほうがおすすめです。食後酒は消化を助けると言いますが、私はあまりその効果を信じていませんでした。でもイタリアに行ってしっかり食事をとると、胃がもたれることがあって（単なる食べ過ぎですが……）、勧められるがままに、締めにグラッパを飲むようにしたら、不思議なことに翌朝、胃がスッキリした状態で目が覚めるんです。イタリア人曰く、強いアルコールが胃を活性化して、消化機能があがるそう。その科学的真偽はともかく、実際効果がある気がします（笑）。

一方、樽熟して琥珀色のものは、ゆっくりぼーっとリラックスして飲みたいですね。大好きなベルタ（Berta）社のグラッパなんかは、もはやブドウの絞りかすで造ったものとは思えない、極上の優雅さと力強さを備えた甘美な香りと味わいがあります。

添えもあり、再建のためアマローネの生産者12社からなるアマローネ・ファミリーが立ち上がり復活を遂げました。ここに先日、私も行ってみたんです。年に一度、ヴェローナで行われるイタリアワインの祭典「ヴィニタリー（Vinitaly）」のときです。そうしたら、お客さんが入りきれずに数十メートル手前まではみ出しているんです。のぞくことすらできませんでした。来年またトライしてみようと思っています！

アンティカ・ボッテガ・デル・ヴィーノ

特殊なワイン（番外編1）

ワインのカクテル／スプリッツ（Spritz）

イタリアでもっともポピュラーなカクテルってなんだと思いますか？　ベリーニ（スプマンテ・プロセッコ＋裏ごしした白桃＋グレナデン・シロップ）やネグローニ（ドライ・ジン＋カンパリ＋スウィート・ベルモット）も人気がありますし、モヒート（ラム＋ライムジュース＋ミント＋砂糖＋炭酸水）を飲んでいる人も多いですが、たぶん今一番飲まれているのは「スプリッツ」だと思います。日本ではあまり耳にしませんが、スプリッツァー（白ワインの炭酸割り）の派生カクテルです。ヴェネツィア発祥とも言われ、ミラノやローマなど、今やイタリア全土で食前酒として親しまれています。

レシピはさまざまですが、簡単に言うとアペロール（またはカンパリ）、プロセッコ（泡）、炭酸水を同じ割合で混ぜて、串に刺したオリーブを添えるだけ。アペロール派とカンパリ派に分かれますが、私はスイートなアペロールより、ビターなカンパリのほうが好みです。

Valle d'Aosta

ヴァッレ・ダオスタ州

イタリアで一番小さな州

特徴的な棚式栽培

これまでピエモンテ州、ロンバルディア州、ヴェネト州という大きな州についてお話ししてきました。今度はその周辺の小さな州を3つ、見ていきたいと思います。それぞれ個性的なワインを造っています。

まず、ヴァッレ・ダオスタ州。イタリア北西部に位置し、スイス、フランスと国境を接しています。地図を見ていただくとおわかりの通り、すごく小さい……イタリア全20州のなかで一番小さい州です。周りをヨーロッパ

この州唯一のD.O.C.「ヴァッレ・ダオスタ」

州都はアオスタ。ヴァッレ・ダオスタとは、「アオスタ」の「谷」という意味です

急斜面にある段々畑

の名峰モンブラン（Mont Blanc）、モンテ・ローザ（Monte Rosa）、マッターホルン（Matterhorn）に囲まれています。その名の通り、アオスタを中心にした渓谷になっていて、ドーラ・バルテア（Dora Baltea）川沿いに町が点々としています。

ブドウ畑は渓谷沿いの傾斜面に広がっていて、崖のようなところに石垣を組んで段々畑を作っているので、収穫が大変なんです。畑に石柱が並び、ブドウ棚を支えている作りが特徴的です。日本ではおなじみの棚式栽培ですが、ヨーロッパでワイン用ブドウ栽培に使われることはほとんどありません。日本は湿気が多いので風通しをよくして病害を減らすのと、手入れのしやすさが導入の主な目的です。ヴァッレ・ダオスタでは目的が違って、冷涼な気候条件でブドウの葉に当たる日照量を少しでも増やすためです。棚の上いっぱいにブドウの葉を広げることができるというわけですね。ブドウ品種は22品種が許可されていて、フミン（Fumin）、プティ・ルージュ（Petit Rouge）といったこの州固有のユニークな品種があります。

ブドウ畑を作るのが大変なことや、そもそも州面積がイタリア最小ということもあり、ブドウの栽培面積もワイン生産量も、ヴァッレ・ダオスタはイタリアで最小となっています。

一般的に冷涼な地域で育つブドウは酸が豊かで果実味がひかえめです。ヴァッレ・ダオスタも北に位置していることから、ワインには酸味がしっかりあって、さらっとしています。お隣、フランスのジュラ・サヴォワ（Jura-Savoie）地方のワインと似ていますね。もともとこの地はフランス、スイス、イタリアに領地をまたいでいたサヴォイア家の統治

D.O.C.	赤	ロゼ	白	備考
❶ Valle d'Aosta ヴァッレ・ダオスタ	●	●	○ 発	・Ps、VTあり

許可品種は多様です

赤：ガメイ（Gamay）、ピノ・ネーロ（Pinot Nero）、マヨレット（Mayolet）、メルロ（Merlot）、フミン（Fumin）、シラー（Syrah）、コルナリン（Cornalin）、ネッビオーロ（Nebbiolo）、プティ・ルージュ（Petit Rouge）、プレメッタ（Premetta）、ガマレット（Gamaret）、ヴィレルミン（Vuillermin）など

白：シャルドネ（Chardonnay）、ミュラー・トゥルガウ（Müller-Thurgau）、ピノ・グリージョ（Pinot Grigio）、ピノ・ビアンコ（Pinot Bianco）、プティ・タルヴィン（Petite Arvine）、モスカート・ビアンコ（Moscato Bianco）、トラミネール・アロマティコ（Traminer Aromatico）など

もその時代が偲ばれます。

時代が長く、大きな影響を受けてきました。未だにフランス語がよく通じることから

D.O.C.G.は1つもなくて、上級ワインはD.O.C.ヴァッレ・ダオスタ❶の1つだけ。赤も白も果実味が穏やかで、軽快な酸味が特徴です。D.O.C.ワインの占める割合は全体の約10～15％程度と言われますが、州全体の生産量も少ないせいか、毎年その割合は大きく変動します。D.O.C.ワインでないものは、ヴィーノ（Vino）・ダ・ターヴォラ（da Tavola）レベルのワインとして売られることになります（ヴァッレ・ダオスタにはI.G.T.がないので）。生産比率は、赤ワインが約60～70％と多いです。この州のワインは、日本ではそんなに手に入らないので、お土産でもらったりするとうれしいですね。

ヴァッレ・ダオスタの郷土料理

ヴァッレ・ダオスタの郷土料理も見ていきましょう。

サヴォイア家の影響やジュラ・サヴォワ地方との類似性をワインについて指摘しましたが、料理も同様です。たとえば、フォンドゥータ（Fonduta）。名産のフォンティーナ（Fontina）・チーズを使ったチーズ・フォンデュです。チーズ・フォンデュは、お隣フランスのジュラ・サヴォワ地方が発祥と言われています。

フォンティーナは、牛乳から造られるセミハードタイプのチーズで——日本でもな

名物の「フォンドゥータ」

じみのあるゴーダチーズと同じタイプです――そのままでも食べられますし、フォンドゥータ以外の料理にもよく使います。けっこうクセがあるのですが、慣れると病みつきになるチーズです。

コストレッタ・アッラ・ヴァルドスターナ（Costoletta alla Valdostana）（仔牛のカツレツ　ヴァッレ・ダオスタ風）はフォンティーナを使った料理の1つです。「コストレッタ」が仔牛の骨付きリブロースのカツレツのことで、ヴァッレ・ダオスタ風とは、生ハムとフォンティーナ・チーズをのせて焼くことを言います。

ちなみに、イタリアの郷土料理には「○○風」と名のつくものがたくさんあります。アッラ・ミラネーゼ（alla Milanese）（ミラノ風）や、アッラ・ボロニェーゼ（alla Bolognese）（ボローニャ風）など……。それくらい、イタリアは地方ごとに、その土地の食材を使った独特の味付けがあるということです。

Trentino-Alto Adige

トレンティーノ-アルト・アディジェ州

ドイツの影響大。リーズナブルなスプマンテを生産する

イタリアのもっとも美しい庭園

さて、次にトレンティーノ-アルト・アディジェ（Trentino-Alto Adige）州ですが、イタリア最北に位置していて、スイスとオーストリアと国境を接しています。

北部のアルト・アディジェ地方と南部のトレンティーノ地方からなります。

「アルト・アディジェ」とはイタリア語で「アディジェ川の上流」という意味なんですが、別名シュッドティロル（Südtirol）とも呼ばれます。これはドイツ語で「南チロル」という意味です。このあたりはドイツ・オーストリアの影響も強い地域な

日本でも有名なスプマンテ
「フェッラーリ」

んですね。タクシーに乗ると英語はほとんど通じないのに、ドイツ語はペラペラのドライバーがいたりします。

一方、南のトレンティーノ地方には、北部ほどドイツ・オーストリアの影響はありません。トレントの街は「イタリアのもっとも美しい庭園」と讃えられていて、中世の都市のような白い建物と、その背景となるアルプス山脈のコントラストがきれい。私もはじめてトレントに行ったとき、ここは本当にイタリアなの？というぐらい街中が美しく、ゴミもなくきちんと整備されていてビックリしました。ドロミーティ（Dolomiti）（ドロミテ）という山脈は、２００９年に世界遺産に登録されました。

この州は5つあるイタリアの特別自治州のひとつでもあります。ちなみに他の4つは、フリウリ-ヴェネツィア・ジューリア（Friuli-Venezia Giulia）州、サルデーニャ（Sardegna）州、シチリア（Sicilia）州と先ほどのヴァッレ・ダオスタ（Valle d'Aosta）州です。国境沿いの州とか交通の要所で、隣国と領土を取ったり取られたりしてきたところは、どうしても文化や習慣が混ざりやすく、全国統一的なルールではやりにくいんでしょうね。

イタリアワインらしくなさ

また、このトレンティーノ-アルト・アディジェはイタリア最北に

トレントの街外れにあるブオンコンシーリオ（Castello del Buonconsiglio）城は、現在博物館になっています

位置する州なので、冷涼な気候です。そのため造られるワインには酸がしっかりと入っています。イタリアワインはフランスと比べると、ドライなものでもトロピカルな感じがするのですが、北部イタリアのワインはそれがひかえめで、ミネラルと酸がとても豊富なのが特徴です。北部が特に白ワインの産地として有名で、州全体では白ワインの割合が約72%と多く造られています。

土着品種の黒ブドウ、テロルデゴ(Teroldego)で造る重めの赤ワインD.O.C.テロルデゴ・ロタリアーノ(Teroldego Rotaliano)❶――「トレントの王子」と呼ばれています――や、D.O.C.トレント(Trento)❷という瓶内二次醱酵のスプマンテが有名です。日本でイタリアンに行くとよくフェッラーリ(Ferrari)という名前のスプマンテがありますが、あれもD.O.C.トレントです。また、ロータリ(Rotari)やカヴィット(Cavit)といった大手生産者共同組合が造るD.O.C.トレントも、リーズナブルで安定の品質です。

特に私が好きなのは、テルラーノ(Terlano)という栽培者協同組合の白です。クリアな果実味をミネラル感と酸が支えています。品種違いや製法違いもたくさんあり、飲み比べも楽しい。同じく栽培者協同組合であるラヴィス(Lavis)のワインもコストパフォーマンスがいいです。この州のワインは、大手協同組合が造った泡と白がおすすめ、ということになりますね。

実は他にも素晴らしい泡を造っている小さな生産者もけっこういるのですが、日本にはあんまり入って来ないんですよね……。

D.O.C.が8つあるだけで、
D.O.C.G.はありません

	D.O.C.	赤	ロゼ	白	備考
❶	Teroldego Rotaliano テロルデゴ・ロタリアーノ	●	●		赤・ロゼ:テロルデゴ
❷	Trento トレント		発	発	ロゼ・白:ピノ・ネーロ、ピノ・ビアンコ、シャルドネ

トレンティーノ-アルト・アディジェの郷土料理

トレンティーノ-アルト・アディジェの郷土料理も見ていきましょう。ヴェネト(Veneto)州で、干し鱈料理を紹介しましたが、この州でもよく食べられています。ヴェネト州の「ヴィチェンツァ風（バッカラ・アッラ・ヴィチェンティーナ(Baccalà alla Vicentina)）」（Ｐ73）のほうが知名度はありますが、似たような料理です。アッラ・カップッチーナは干し鱈を（水ではなく）牛乳でやわらかく茹で、干しブドウと松の実を加えます。バッカラ・アッラ・カップッチーナ(Baccalà alla Cappuccina)（干し鱈のカップッチーナ風）が代表的です。

生ハムのスペック(Speck)も名産で、どこのレストランにも必ずあります。豚モモ肉を塩と香草、スパイスに漬け込んで、15〜30度の低温で燻製（冷薫）したタイプの生ハムです。ちなみに生ハムの製法には塩漬けして乾燥・醗酵させる方法と、長時間冷燻する方法があり、冷燻は数週間にわたって燻煙するため、手間も時間もかかりますが、温燻とは違った、凝縮した旨味が魅力です。

私はだいぶ生肉好きなんですが（笑）、カルネ・サラータ(Carne Salata)という牛肉の塩漬けもご紹介させてください。カルネは「肉」、サラータはサラダと語源は一緒だったと思いますが、「塩をした」という意味です。塩以外にも香草やスパイスで風味を付けています。トレンティーノでは、先ほどのスペックとこのカルネ・サラータは、ほんとにどこにいってもあると言えるほどよく見かけるんです。前菜として、カルパッチョみたいにお皿に広げて、その上にルーコラや薄切りにしたハードチーズなどをのせて、バルサミコ、オリーヴオイルをかけて出てくることが多いですね。これにキンキンに冷やしたトレントの泡が最高に合います！

赤身の生肉の風味って繊細なので、フルーティな白ワインや、しっかりとした赤ワインよりも繊細な泡と合わせるほうがよくて、泡とともに飲み込んだあと、ふわっとお肉の風味が口の中で広がるのがいいんです。また、次のひと口が進みますね。

Friuli-Venezia Giulia

フリウリ-ヴェネツィア・ジューリア州

東欧の影響大。個性派オレンジワインを生産する

国境沿いという立地がもたらすこと

では山麓地帯の最後に、フリウリ-ヴェネツィア・ジューリア（Friuli-Venezia Giulia）州（以下フリウリ）を見ていきましょう。

北はオーストリア、東はスロヴェニアと国境を接しています。州都のトリエステ（Trieste）が重要な港湾都市だったこともあり、古くから近隣の国々に支配されてきました。そのためイタリア語とフリウリの方言（フリウリ語）以外に、スロヴェニア語とドイツ語を話す人も多いです。公用語としても認められているので、街で見かける標識もイタリア語と併記されていたりします。

ワインで言えば、スロヴェニアとまたがってブドウ畑を

Trieste

白ワインの聖地

州都はトリエステ（Trieste）

「ラディコン」のオレンジワイン

東欧風料理「グーラッシュ」

持っている生産者もたくさんいるんです。

料理も、ベースはイタリアンながら、東欧のエッセンスが感じられるものが多いのも特徴の1つです。

現代の「白ワインの聖地」

今やフリウリは「白ワインの聖地」とまで言われるようになっていますが、その立役者と言えば、「フリウリワイン醸造の父」とも呼ばれるマリオ・スキオペット（Mario Schiopetto）さんです。彼が1970年代にドイツやフランスのワイン造りを取り入れ、ブドウの収穫量を制限したり、醸造においては、温度管理を徹底し、近代的な醸造設備などを導入したことで、クリーンでモダンな、現在のフリウリスタイルが確立されました。そしてそれを惜しげもなく、地元の生産者仲間にも広めたことによって、フリウリの今の評価があるんです。白ワインの生産割合が約80%をも占めます。日本にもいろいろな生産者のものが入ってきているので、ぜひ試してみてください。


フリウリを代表する白ワインと今言われているのが、D.O.C.コッリオ・ゴリツィアーノ（Collio Goriziano）❶と、D.O.C.フリウリ・コッリ・オリエンターリ（Friuli Colli Orientali）❷です。

コッリオ・ゴリツィアーノには、使用可能な品種がいくつかありますが、そのなかでも、フリウリを代表する白ブドウ、フリウラーノ（Friulano）とリボッラ・ジャッラ（Ribolla Gialla）のものが特におすすめ。どちらもミネラル感と心地よい果実味が特徴のワインです。ピノ・グリー（Pinot Grigio）

D.O.C.G.は3つあって、白のみです

D.O.C.	赤	ロゼ	白
❶ Collio Goriziano コッリオ・ゴリツィアーノ	●		○
❷ Friuli Colli Orientali フリウリ・コッリ・オリエンターリ	●		○

ジョ（＝ピノ・グリ(Pinot Gris)）を使って造られたものもいいですね。フランスでは甘みの強いイメージがありますが、フリウリのピノ・グリージョはすっきりさわやかで食中酒にもぴったりです。

もう一方のフリウリ・コッリ・オリエンターリ❷は、白とともに赤もおすすめです。メルロ(Merlot)、カベルネ・ソーヴィニョン(Cabernet Sauvignon)といった国際品種の他に、フリウリの土着品種であるレフォスコ(Refosco)やスキオペッティーノ(Schioppettino)なども使って造られていて、ベリー系の香りはしっかりありつつも、寒冷地の赤ワインらしく軽やかで飲みやすいんですよね。

この2つのD.O.C.は、フリウリのワインを試すには最適だと思います。

現代的な、クリアで洗練されたフリウリワインの代表のひとつが、イエルマン(Jermann)という生産者のワインではないでしょうか。フリウラーノやリボッラ・ジャッラもさることながら、シャルドネ主体のワー・ドリームス(W... Dreams.........)というワインが日本でも有名です。

オレンジワイン

一方で、フリウリといえば、近年特に注目されるようになってきたのが、いわゆるオレンジワイン。赤でも白でもロゼでもないオレンジとは、簡単に言うと「白ブドウで造った赤ワイン」です。果皮や種子を、赤ワインを造るときのように一緒に醸して（マセラシオン(Macération)）から、果皮の色を抽出し、アルコール醗酵させます。白ワインでも醸す前に果皮や種子に果汁を浸けておく（スキンコンタクト(Skin Contact)）ことはありますが、ふつう数時間から数日です。オレンジワインの場合は数週間も行うことで、オレンジ色になるんです。香りや味わいもやや赤ワイン寄りの、タンニンを含んだ、酸化熟成の進んだニュアンスが出て、個性的なワインができます。ちなみに一応、法律上の分類は白ワインです。

オレンジワインの生産者には、アンフォラ（テラコッタ製の甕）や木製の開放式醗酵槽を使って醸造するなど、現代的な製法とは真逆の、独特な造り方をする人が多いのも特徴です。ふつうなら、クリアな色、スマートでエレガントな味を追求していくために取り除かれるような、言わばブドウの「雑味」すらも生かそうとするイメージが造り方にあります。それでいて、味わいにはとがったところがなく、すーっと身体のなかになじんでいくようなものが多いです。

ワインだけで楽しむのもいいですが、お料理に合わせてもいい。ロゼもそうですが、白ワインと赤ワインの両方の要素を少しずつ持っている、つまり合わせるポイントが2倍あることになります。白ワインのフルーティさや酸味がほどよくありながらも、骨格や味わいのコクもある。かと言って赤ワインほど強いボディではなく、しっかりとした渋みもない。たとえば、お魚のカルパッチョでもシンプルな仕立てならやっぱり白ワインが合いますが、脂が乗っていて味が濃いものだったり、皮目をちょっとあぶったものなら、オレンジワインのほうが合ったりします。

特有の酸化熟成のニュアンスも使えるポイント。味付けに醤油を使っていたり、マッシュルームやキノコが入っていたり、そうした「複雑な要素」に対して、赤ワインでは強すぎでも、オレンジワインなら合うという場合も多いです。

普段赤ワインを合わせるような肉料理でも、あまりこってりしていないなら、オレンジワインを選んでみるのもいいでしょう。白ワインでは負けてしまう料理でも、オレンジワインならボディもしっかりしているので、受け止めてくれます。

つまり、オレンジワインは料理のいろんな要素に受け入れ態勢が万全なんです！

オレンジワインの造り手

オレンジワインの造り手と言えば、長年その独創的なワイン造りでヨスコ・グラヴナー（Josko Gravner）さんがカルト的に知られた存在でしたが、最近の私のお気に入りはラディコン（Radikon）のワインです（この州の冒頭にボトルの絵を置いています）。

化学肥料は使わず、有機栽培はもちろん、酸化防止剤も無添加なのは序の口で、いろいろとユニークなんですが、醸造方法も変わっていて、木製の醗酵槽を使うんです。そして白ワインも赤ワインのように醸しを行うのですが、毎日人力で4回の櫂入れをしながら2～4ヶ月にもわたります。この結果、濃いオレンジ色が出てくるそうです。熟成は大樽で4年ほど、そこから瓶詰めして、またさらに2年ほどは熟成させてからようやく販売に至るという、気が遠くなるほどの時間と手間をかけています。

瓶も面白くて、容量が通常の750mlではないんです。1人か2人でワインを1本開けるのはちょっと多いかなってときもありますよね。そういうときにこそ、自分のワインの需要があると思ったラディコンさんは、サイズを500mlに変えてしまったんです（4人用というか大人数用に1000mlも造っています）。なかなか勇気がいりますよね。

また、瓶が小さいほど酸化の影響を受けやすいんですが、ラディコンさんは、500mlでも750mlの通常の瓶と変わらない空気接触率の瓶まで開発してしまったんです。

コルクも独創的で、天然コルクの資源を少しでも有効活用するために、瓶の口径を小さくしちゃったんです。かなり変わっているけど、本当にワインへの情熱に溢れた人だったんだと思います。そんなスタニスラオ・ラディコン（Stanislao Radikon）さんも、2016年に62歳の若さで逝去されました。今は、息子さんがワイン造りを引き継いでいらっしゃいます。

ちなみに、オレンジワインは、原産地呼称のなかでも規制の自由度の高いI.G.T.として造られることが多いです。例えばグラヴナーのリボッラ・ジャッラ種の2007年ヴィンテージはI.G.T.ヴェネツィア・ジューリアです。ラディコンのオスラーヴィエ1000mlというワインは2000年までD.O.C.コッリオ（Collio）で、その後I.G.T.ヴェネツィア・ジューリアに（色が濃すぎてD.O.C.が名乗れなくなったらしいです）。そのリゼルヴァ（P59）にあたるワイン、オスラーヴィエ・フオーリ・ダル・テンポ（Oslavje Fuori dal Tempo）（I.G.T.ではリゼルヴァと名乗れないのでこのような付記に）や、ダミアン・ポドヴェルシッチ（Damijan Podversic）というの造り手のリボッラ・ジャッラ・セレツィオーネ（Ribolla Gialla Selezione）も同じI.G.T.です。

フリウリ−ヴェネツィア・ジューリアの郷土料理

では、フリウリの食を見ていきましょう。

私が、フリウリの中心都市の1つウーディネ（Udine）に行ったときは、町中どこへ行っても、みなさんサン・ダニエーレ（San Daniele）産の生ハムをあてに、プロセッコ（Prosecco）やフリウラーノを楽しんでいました。生ハムと言えばパルマ（Parma）産（P143）も有名ですが、パルマがずんぐりしているのに比べ、元の状態で吊り下がっているのを見ると、サン・ダニエーレはシュッとしているんです。それがそのまま味わいの違いにも表れていて、より繊細な気がします。

近隣国の影響が感じられる料理も多いです。

たとえばフリーコ（Frico）。ジャガイモやとうもろこしの粉をベースにしてモンタージオ（Montasio）・チーズを混ぜて焼き上げるオムレツ状のものと、モンタージオ・チーズのみをフライパンや電子レンジを使ってカリカリにして作るものがあります。それからヨータ（Jota）はパンチェッタ（Pancetta）*、インゲン豆、ザワークラウトを使うフリウリ独特のスープ。ハンガリー発祥の牛肉の煮込み、「グーラッシュ（Gulash）」なんていう料理も。これにはパプリカパウダーを使うのが特徴です。どれも東欧の雰囲気を感じますね。

パスタですらイタリアンっぽくないんです。チャルソンス（Cjarsons）というラビオリ状のパス

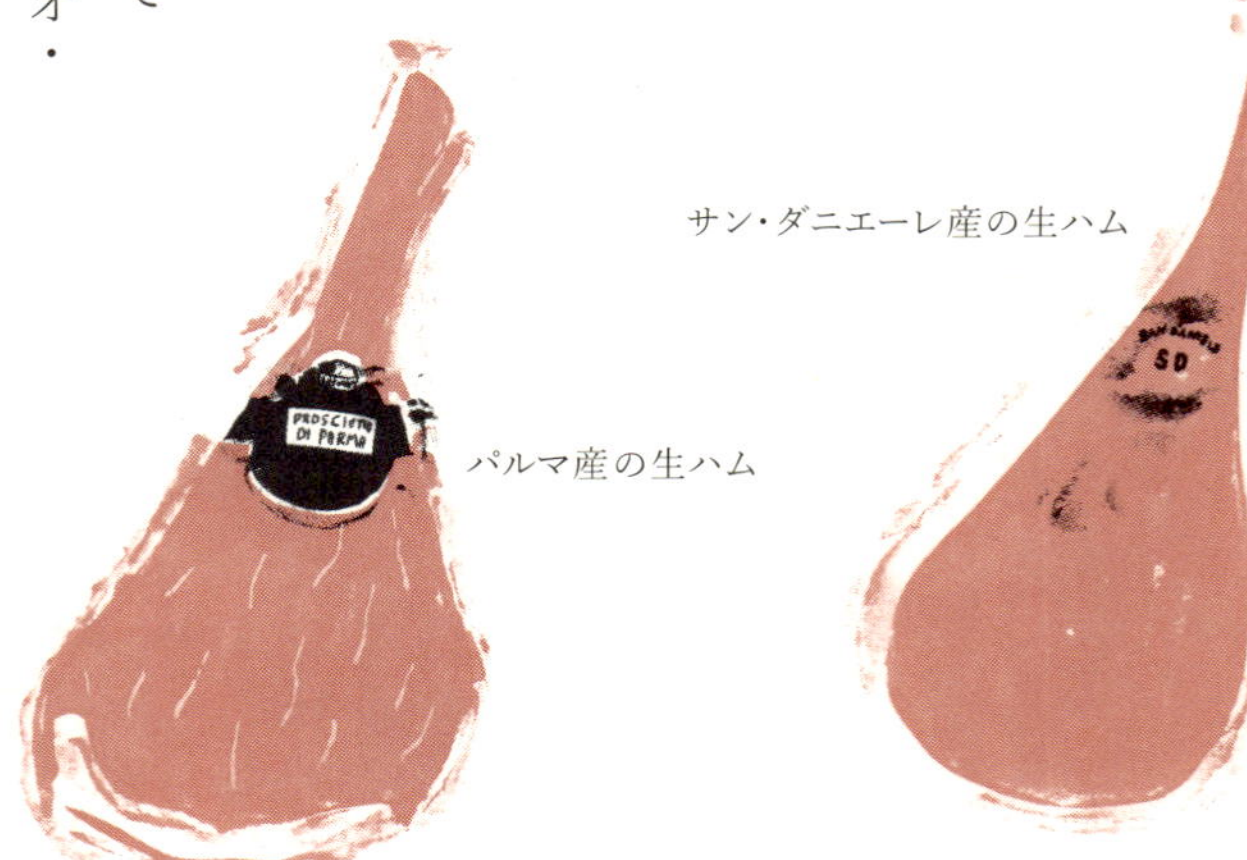

サン・ダニエーレ産の生ハム

パルマ産の生ハム

＊ 塩漬けの豚バラ肉。燻製するとベーコンになります

タがあって、ジャガイモ、チーズなどが詰められているんですが、仕上げになんと砂糖とシナモンをかけるんです。甘じょっぱさが絶妙で、これはこれでクセになります。

　フリウリは文化のるつぼとも言われていますが、オレンジワインといい東欧のような料理といい、かなり個性的で面白いですよね！

　さて、2日間にわたって、山麓地帯について勉強してきましたが、いかがでしたでしょうか？

ピエモンテ（Piemonte）のバローロ（Barolo）、バルバレスコ（Barbaresco）からはじまって、ロンバルディア（Lombardia）の有名な泡・フランチャコルタ（Franciacorta）、ヴェネト（Veneto）の白・ソアヴェ（Soave）やフリウリのオレンジワインなど、幅広いワインが出てきましたね。銘柄がいっぱいありすぎて、頭の中がゴチャゴチャになっちゃったという人もいらっしゃるかもしれません。そこで、皆さんにお願いが。4日目のトスカーナに行く前に、必ず山麓地帯で出てきたワインを飲んでみてください！まずは一旦飲みながら知識を定着させましょう（笑）。私の経験から言うと、覚えが早いこと間違いなし！です。

4日目

第三章
ティレニア海沿岸の州

1
トスカーナ州

Toscana

トスカーナ州

イタリア一有名なワインを生産する銘醸地

山と海、両方の魅力

前回までの2日間で、山麓地帯を勉強しましたが、これから2日間でイタリア半島の西側、ティレニア海沿いの州を見ていきましょう。

今日は、その中でも代表的なトスカーナ（Toscana）州についてです。イタリア中部に位置し、ピエモンテ（Piemonte）州と並ぶイタリアの二大銘醸地で、なんと言ってもキアンティ（Chianti）が有名です。州都フィレンツェ（Firenze）は、旅行したことのある方も多いと思います。14～15世紀に、銀行業で富を蓄えたメディチ家をリーダーとして文化的に栄え、ルネッサンスの中心地となりました。

一番有名なイタリアワイン
「D.O.C.G.キアンティ・クラッシコ」

ピサの斜塔

トスカーナ州は山と海、両方の魅力があります。Tボーンステーキをはじめとした、牛、豚、イノシシなどの肉料理だけではなくて、実は魚介料理もおいしい。港町リヴォルノ（Livorno）の海の幸をふんだんに使ったトマト煮込み「カッチュッコ（Cacciucco）」も名物です。また、小さな島々や海岸沿いはリゾート地になっています。

トスカーナとボルドー、ピエモンテとブルゴーニュ

生産量の割合は赤ワインが約90%……ほとんど赤しか造っていません。D.O.P.ワインの生産比率は64%と、ピエモンテ州に次いで第2位で、高級ワインの産地です。*ピエモンテのところでもお話ししましたが、ピエモンテとトスカーナは、フランスにおけるブルゴーニュ（Bourgogne）とボルドー（Bordeaux）によくたとえられます。ピエモンテがブルゴーニュと同じように単一品種でワインを造るのに対し、トスカーナはボルドーと同じように、何種類かのブドウを混ぜて造る（混醸する）からです。

最近は、混ぜずに1つの品種100%で造る生産者もいますが、多くの生産者は複数のブドウをブレンドします。混ぜる割合によって違ってくる味わいが、トスカーナワインの特徴であり、魅力でもあります。

＊ D.O.C.G.数は11で、ピエモンテ（Piemonte）州、ヴェネト（Veneto）州に次いで第3位です

千変万化するヴェルナッチャ、その故郷

トスカーナの赤ワインの体系はやや複雑ですのでゆっくり解説するとして、まずはあえてレアな白ワインから見ていきましょう。トスカーナにある11のD.O.C.G.のなかで、1つだけ白ワインの生産が可能なものがあります。ヴェルナッチャ・ディ・サン・ジミニャーノ（Vernaccia di San Gimignano）というD.O.C.G.❶（P99）です。品種は白ブドウのヴェルナッチャ（Vernaccia）（☚）。覚えやすいですね。

このような「どこどこのヴェルナッチャ」というワインは、イタリアの他の州にもありますが、もともとはこのサン・ジミニャーノ（☞）が元祖です。現在イタリア中で栽培されているヴェルナッチャは、この「サン・ジミニャーノのヴェルナッチャ」のクローンなんです。

クローンと言うと遺伝子を操作して生物を作るみたいなイメージがありますが、接木による栽培のことです。同じブドウ品種だとしてもブドウがいっぱい実る木や、量は少ないけど良質なブドウが実る木、病害に強い木などいろいろな木があります。そうした中から優良なブドウの木を選んで穂木を採り、台木に接いで苗木とすることで、元の木と同一の形質を持ったブドウの木を増やすんですね。このように同じ遺伝子を持つ苗木のことをクローンと言います。

ヴェルナッチャは、やわらかい酸、それからミネラルとコクのある

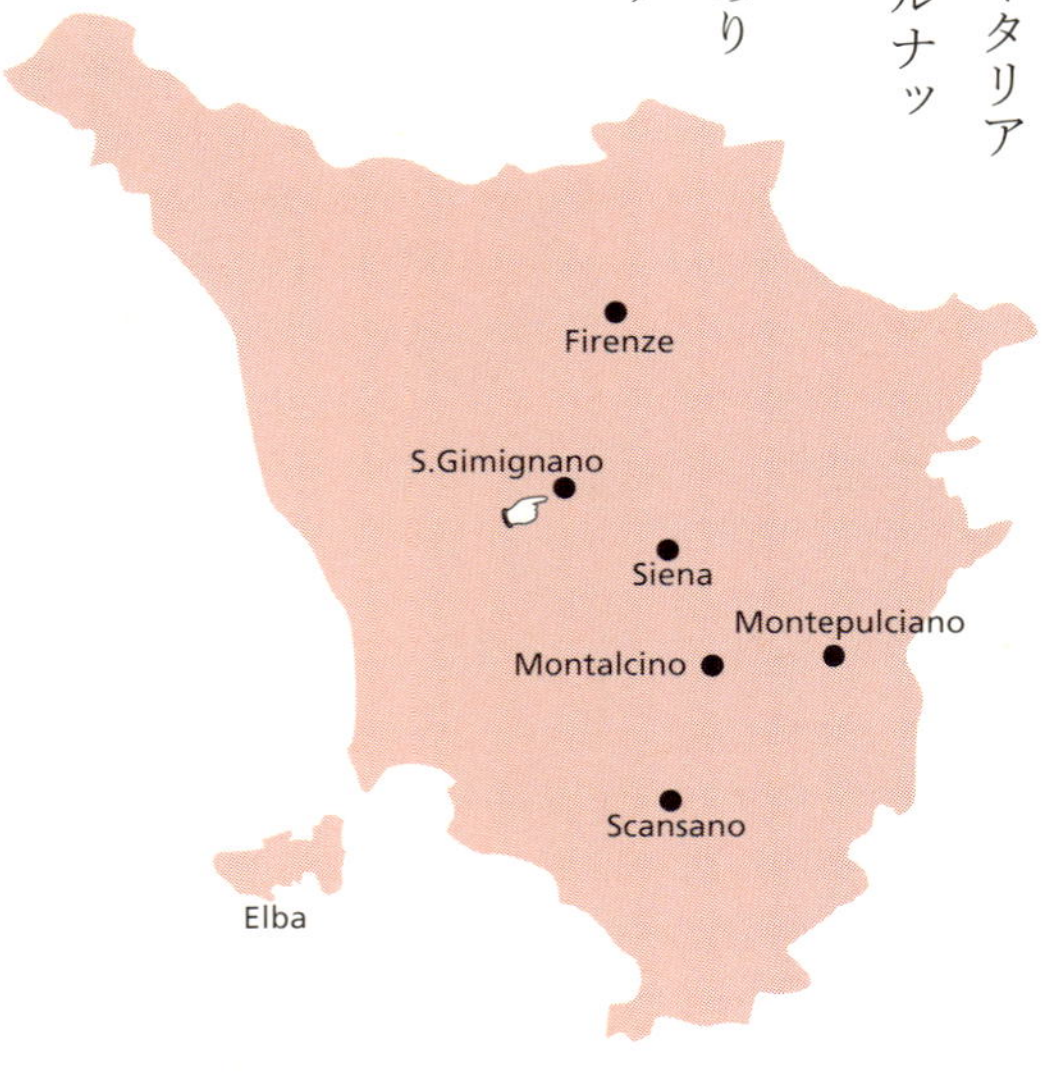

〈Toscanaの主要品種〉

白ブドウ	Vernaccia ヴェルナッチャ ☚ Malvasia Bianca マルヴァジア・ビアンカ Trebbiano* トレッビアーノ
黒ブドウ	Sangiovese サンジョヴェーゼ Canaiolo Nero カナイオーロ・ネーロ

＊トスカーナ州ではトレッビアーノ・トスカーノ（Trebbiano Toscano）と言うほうが多いです

リッチな味わいが特徴のワインを生みますが、非常に多種多様な味わいに仕込むこともできます。造り手の個性が出しやすいんです。栽培方法、醸造方法だけでなく、気候条件や土壌にも大きく影響を受ける品種なので、あとで出てきますが、たとえばサルデーニャ（Sardegna）島のD.O.C.ヴェルナッチャ・ディ・オリスターノ（Vernaccia di Oristano）などは同じ品種で造ったワインとは思えないくらい、かけ離れた味わいとなります（P161）。

右下の地図の真ん中にシエナ（Siena）がありますが、そのすぐ北西がサン・ジミニャーノ（☞）です。中世に建てられた14の塔が現在もきれいなまま残っていて――もっとも多いときは70以上あったそうです――街全体が世界遺産で、トスカーナ州のなかでも指折りの名所となっています。そのため昔から観光客が多いのですが、名所目当てで、ワインの味わいを求めてやって来るわけではない……ということで、残念ながら、歴史あるワイン産地（1966年にイタリア初のD.O.C.ワインに認定されました）にもかかわらず、サン・ジミニャーノの人たちは観光客向けに安い白ワインばかりを量産していた時代があったんです。

でも、1993年、ちょうどD.O.C.からD.O.C.G.に昇格する際に、生産者たちはこれまでのやり方を反省し、ブドウ栽培から醸造方法まで、厳格な規制を設けて、品質向上を目指しました。そうした活動が実って、「ヴェルナッチャ・ディ・サン・ジミニャーノには、他のどんなヴェルナッチャも敵わない」という言葉も生まれたほど、素晴らしい味わいに変わってきています。

外観は黄色がかった麦わら色で、華やかな白い花やアーモンドの香り、フランスのローヌ（Rhône）地方の白ブドウ（ヴィオニエ（Viognier）、マルサンヌ（Marsanne）、ルーサンヌ（Roussanne）など）にも似て、トロッとするぐらい濃厚な口当たりと、ほのかな苦み、そして軽快な後味が特徴です。

トスカーナで最初にD.O.C.G.に昇格し、現在唯一の、白ワインの生産が可能な銘柄ということで地元の皆さんは誇りに思っています。ただ現金なものですが、昇格したことや、品質が向上し評判が高まったことで、それほど生産者が多くなかったこの土地に、昇格後はワイナリーが一気に増えました。今や昇格前からのワイナリーの割合が全体のごくわずかになってしまったほどです。

昇格前からの生産者をひとつ紹介しておきましょう。テルッツィ＆ピュトー（Teruzzi & Puthod）は、夫のテルッツィさんと妻のピュトーさんが始めたワイナリーで、「高品質のヴェルナッチャ・ディ・サン・ジミニャーノを造ろう」と1993年からみんなを盛り上げていった、主導的ワイナリーです。ワイン造りの経験がなかったふたりは、伝統的な造り方を重んじつつ、それまでの大樽での熟成に代わりフレンチバリック（小樽）を用いたり、低温醗酵などの新しい醸造技術を導入して、ヴェルナッチャの新たな可能性を引き出したと言えます。

一杯目から赤

では次に赤ワインを見ていきましょう。

最初にお話しした通り、トスカーナは、なんと言っても、キアンティです。世界で最も有名なイタリアワインでしょう。銘柄としてはD.O.C.G.キアンティ❷（）と、D.O.C.G.キアンティ・クラッシコ（Chianti Classico）❸（）があります。主要品種はサンジョヴェーゼ（Sangiovese）で、トスカーナには他にも同品種を使った赤ワインがたくさんあります。イタリアを代表する高級銘柄D.O.C.G.ブルネッロ・ディ・モンタルチーノ（Brunello di Montalcino）❹（）もそうです。

フィレンツェに行くと一杯目から赤なんですよね。名物のトリッパ（牛の胃のトマト煮）なんかを売っている街なかのスタンドでも、地元の人はマグナムボトルから赤ワインをカップに注いでガブガブ飲んでいます（笑）。

世界初の原産地呼称制度

キアンティはとても古い歴史をもつワインで、フィレンツェのルネッサンスがヨーロッパで注目を浴びた14世紀には、すでにその名がロンドンまで届いていたそうです。そのためか、キアンティ地方で造られたものでなくとも「キアンティ」という名前を騙って売られたりして、偽物のキアンティがどんどん広がっていきました。

そこで1716年、トスカーナ大公のコジモ三世が、キアンティを名乗っていいエリアを限定する法律を制定します。キアンティの他にも、カルミニャーノ（Carmignano）、ポミーノ（Pomino）、ヴァル・ダルノ・ディ・ソプラ（Val d'Arno di Sopra）とトスカーナの3つの銘柄の生産地域を指定し、そこで造られたワインのみ、その土地名を名乗っていい……逆に言うと、他所で造られたワインは、それらの地名を名乗ってはならないと定めました。これが、世界初の

D.O.C.G.	赤	ロゼ	白	備考
❶ Vernaccia di San Gimignano ヴェルナッチャ・ディ・サン・ジミニャーノ			○	白：ヴェルナッチャ（・ディ・サン・ジミニャーノ）
❷ Chianti キアンティ	●			赤：サンジョヴェーゼ
❸ Chianti Classico キアンティ・クラッシコ	●			赤：サンジョヴェーゼ
❹ Brunello di Montalcino ブルネッロ・ディ・モンタルチーノ	●			赤：ブルネッロ＝サンジョヴェーゼ

原産地呼称制度だと言われています。キアンティをはじめ、トスカーナの地方ブランドを守ったんですね。

このときにキアンティの範囲として指定されたエリアが、ほぼ今のD.O.C.G.キアンティ・クラッシコ❸（　）の生産地に当たります。しかし、その後、コジモ三世による法律があってもなお、キアンティを名乗っていいエリアはどんどん拡大し、やがて今のD.O.C.G.キアンティ❷（　）を形作ることになります。

下の地図をご覧いただければわかるようにD.O.C.G.キアンティ❷（　）を造ることができるエリアが、トスカーナのかなりの部分を占めています。キアンティのエリアのなかには、他のD.O.C.G.やD.O.C.のエリアも点在しています。ピエモンテのところでもお話ししたように、イタリアの場合D.O.P.のエリアが重なっていて、同じエリアのなかで複数のD.O.C.G.が存在することが多々あります。

一方、D.O.C.G.キアンティに比べてD.O.C.G.キアンティ・クラッシコ❸（　）のエリアは限られています。

キアンティとキアンティ・クラッシコ

キアンティがD.O.C.に認定されたのは1967年、D.O.C.G.に認定されたのは1984年です。このときは、キアンティ・クラッシコは法律上、キアンティに

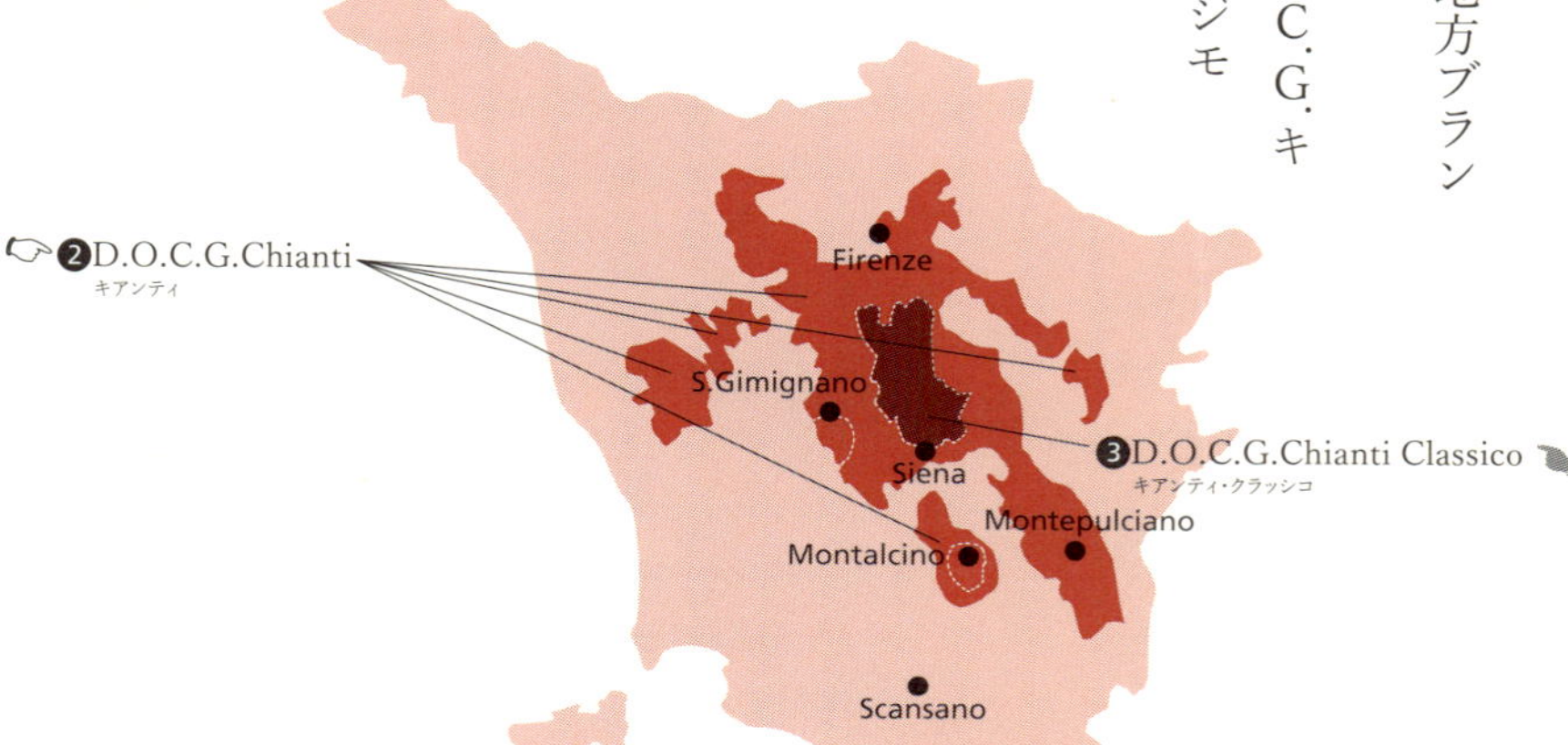

まだ含まれていました。でも歴史のあるキアンティ・クラッシコの生産者たちは、「他のキアンティと一緒にされるのは御免だ」と、キアンティから独立しようとしていたんです。キアンティ・クラッシコ保護組合ができたのは随分さかのぼって１９２４年です。でも、結局D.O.C.G.キアンティ・クラッシコとして、キアンティと分けて認定されたのが、１９９６年でした。わりと最近のことなんですね。では、独立の背景を見ていきましょう。

キアンティもキアンティ・クラッシコも、使える品種や割合が時とともに変化していますが、１９６７年にD.O.C.に認定された際の規定では、栽培面積比率で、サンジョヴェーゼ50～80％、カナイオーロ・ネーロ（Canaiolo Nero）10～30％、白ブドウのマルヴァジア（Malvasia）及びトレッビアーノ（Trebbiano）10～30％というふうに定められていました。これは約１００年も前に作られた「ベッティーノ・リカーゾリ男爵の公式」というものを踏襲しているんです。１８７０年前後に、キアンティを飲みやすくするために、リカーゾリ男爵が考案したブドウの混醸率のことです。

その当時の技術だとサンジョヴェーゼ１００％でキアンティを造った場合、ブドウの風味が強すぎて、あんまりおいしくなかったらしいんです。そこで、サンジョヴェーゼの比率を70％くらいに抑えて、カナイオーロ・ネーロを20％、白ブドウのマルヴァジア・デル・キアンティ（Malvasia del Chianti）を10％という割合でブレンドして造ったところ、民衆から大きな支持を得ました。その後、混ぜる割合に多少の変化はありつつも、１００年にわたってこの割合は続きます。

１９６７年にキアンティがD.O.C.として認められたときは、リカーゾリ男爵の公式を元に品種別の栽培面積の比率だけが決められました。つまり細かい混醸率の規定はなく、各造り手がわりと自由に造っていました。

やがて、大量に収穫できる白ブドウのトレッビアーノの割合を増やす生産者が多くなっていきました。そうすると、飲みやすくはなるんですが、白ブドウは酸化に弱いため、ワインが熟成に耐えられなくなります。つまり、早飲みタイプのキアンティばかりが増えてしまいました。なかには半分くらい白ブドウを混ぜる生産者も出てきて、だんだんとキアンティが「安い早飲みワイン」に様変わりしていってしまったんです。

それに異議を唱える生産者が1980年代に現れてきます。D.O.C.やD.O.C.G.は名乗れなくとも、I.G.T.レベル、あるいはヴィーノ・ダ・ターヴォラ(Vino da Tavola)（テーブルワイン）レベルに格下げされてもいいから、栽培面積比率や混醸率の規定を無視して、自分の好きなように造りたい、という生産者が増えてきたんです。

その代表がモンテヴェルティーネ(Montevertine)というワイナリーのマネッティさんです。白ブドウなんか混ぜたくない、と1981年にキアンティの生産者で作る組合を脱退して、ラベルからもキアンティ・クラッシコの名称を外してしまいました。彼が造っていたレ・ペルゴーレ・トルテ(Le Pergole Torte)というワインはキアンティの最高傑作の1つと賞賛されながらも、サンジョヴェーゼ100％だったので、一番下の格付けであるヴィーノ・ダ・ターヴォラとして売られる、というひずみが生まれました。

このように、自分たちのやり方で自由に高品質のワインを造ろうという動きはキアンティに限らずトスカーナ全土で活発になっていき、海外で高く評価されています。このあとお話しするボルゲリ(Bolgheri)のワインがきっかけだったのですが、こうしたワインは

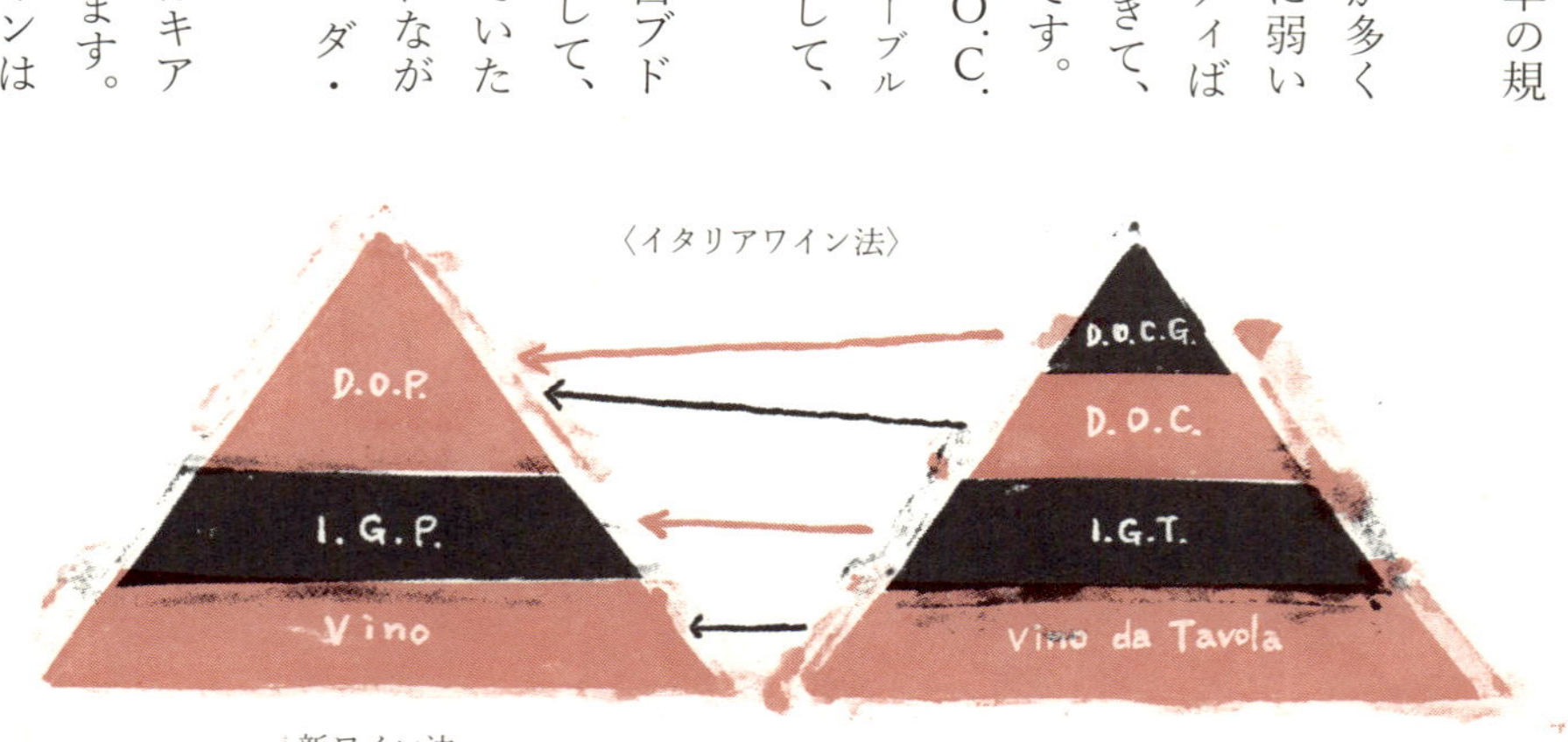

「超越した品質のトスカーナワイン」を意味する「スーパー・タスカン（Super Tuscan）（トスカーナ）」と呼ばれるようになります。

D.O.C.G.キアンティ・クラッシコの悲願

80年代にマネッティさんのような動きがあったのと同時に、先ほど少し話したボルゲリのあたりで、カベルネ・ソーヴィニヨン（Cabernet Sauvignon）やメルロ（Merlot）といった、いわゆるボルドー（Bordeaux）系品種の栽培が増えていて、キアンティのエリアにもその影響が及んでいました。サンジョヴェーゼにカベルネ・ソーヴィニヨンやメルロを足してワインを造る生産者が増えてきたんです。

これが、当時安くて早飲みタイプの、やや薄っぺらく、水っぽいワインになっていたキアンティを手っ取り早く濃くするのにも役立ちました。キアンティとしては認められませんが……。つまり、格付けと現状が合わなくなっていたんです。イタリアワインを管轄する機関も、法律にかなったキアンティの地位を脅かし、格付けを無意味化しかねないこうした自由なやり方を見過ごせなくなり、後追いすることにしました。1984年にキアンティがD.O.C.G.に昇格する際、トスカーナの非伝統品種の混醸を認めたのです。また、多くの生産者が抱いていたサンジョヴェーゼの比率をあげたい（なんなら100％にしたい）という要望も汲まれました。サンジョヴェーゼは70％以上90％まで、トレッビアーノとマルヴァジアは5％まで、非伝統品種も10％までブレンドできるようになったんです。

それから12年後（１９９６年）、D.O.C.G.キアンティとは別の銘柄として、晴れてD.O.C.G.キアンティ・クラッシコが独立します。D.O.C.G.キアンティと違い、こちらはついにサンジョヴェーゼを１００％使うことが認められ、つまり白ブドウを混ぜなくてもよくなりました。また、許可された黒ブドウ品種であればなんでも20％までは混ぜていいことにもなったんです。その中にはイタリア品種のカナイオーロ・ネーロなどもあるんですが、カベルネ・ソーヴィニョンやメルロなどのボルドー系品種も認められています。[*1]

このようにして、キアンティとキアンティ・クラッシコに、それぞれ別の規定が設けられ、ようやくモンテヴェルティーネら生産者が望んでいたサンジョヴェーゼ１００％のキアンティ・クラッシコも造れるようになったわけです。

２０１０年からはそれまで認められていた、キアンティ・クラッシコの生産地域内でのキアンティの生産も禁止されて、差別化がますます明確になってきています。

さらに２０１３年には、キアンティ・クラッシコ・グラン・セレツィオーネ（Chianti Classico Gran Selezione）という新しい格付けが制定されました。熟成期間がキアンティ・クラッシコ・リゼルヴァ（Chianti Classico Riserva）[*2]と比べても6ヶ月長い最低30ヶ月以上、最低アルコール度数も0.5％高い13％以上、ブドウも自社畑生産のもののみという、より厳しい規定です。

フィレンツェからシエナにかけての丘陵地がキアンティ・クラッシコのエリアなのですが、生産可能なコムーネ（Comune）（村）はフィレンツェ県とシエナ県に9つあります。[*3] 生産者はかなり多く、現在では６００を超えています。

＊1　最低アルコール度数は12％。白ブドウの使用は、２００６年ヴィンテージより禁止されました

＊2　アルコール12.5％以上、24ヶ月熟成、うち3ヶ月は瓶内熟成

＊3　なかでも有名なコムーネはグレーヴェ・イン・キアンティ（Greve in Chianti）、ラッダ・イン・キアンティ（Radda in Chianti）、ガイオーレ・イン・キアンティ（Gaiole in Chianti）など

＊4　Sottoは「下の」、Zonaは「ゾーン」という意味なので、キアンティという枠のなかに含まれる特定生産地域といった意味になります

キアンティのなかの高品質の証

ここでキアンティのソットゾーナ（Sottozona）[*4]（☛）に触れておきましょう。

トスカーナの6県にまたがり広大な栽培面積を誇るキアンティのなかでも、とりわけ高品質で、テロワールの特徴をよく反映していると認められた特定地域が7つあります。そこで造られるキアンティはラベルに地域名を付記することが認められています。この地域をソットゾーナと言い、高品質の証ともされています。

ちなみに1996年のD.O.C.G.としての独立以前は、キアンティ・クラッシコもソットゾーナの1つに含まれていました。

貴族の個人的なワイナリーから

「スーパー・タスカン（トスカーナ）」という言葉を先ほどご紹介しましたが、その言葉を生んだきっかけが、海沿いにあるボルゲリ（☜）という地区です。1968年にサッシカイア（Sassicaia）というワインがリリースされて以降に

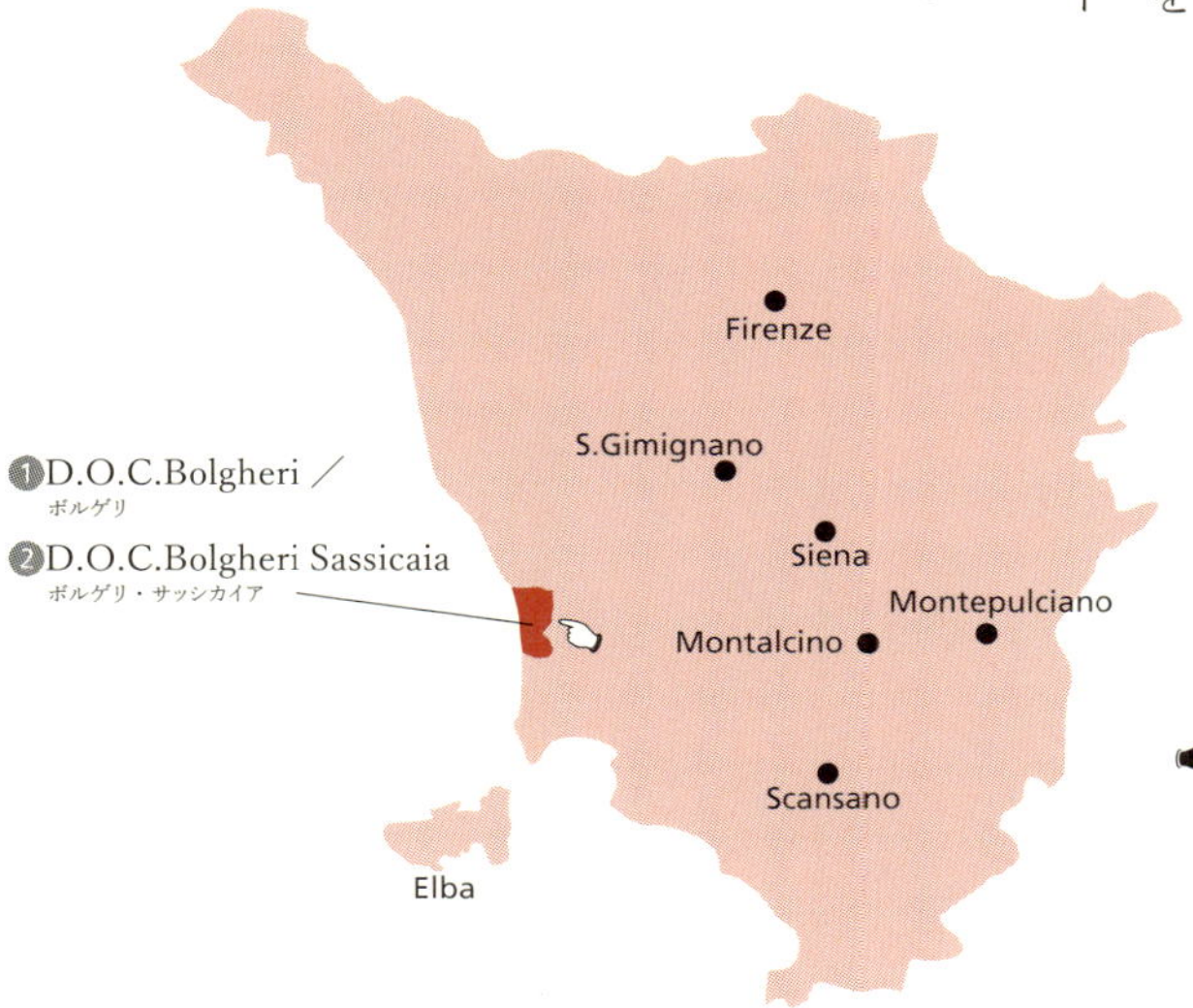

☛〈D.O.C.G.Chianti のソットゾーナ〉

Colli*Aretini コッリ・アレティーニ
Colli*Senesi コッリ・セネージ
Colline Pisane コッリーネ・ピサーネ
Montalbano モンタルバーノ
Rufina ルフィーナ
Colli*Fiorentini コッリ・フィオレンティーニ
Montespertoli モンテスペルトーリ

*「丘」を意味する

発展した、非常に若いワイン生産地です。

1978年、このボルゲリ・サッシカイア（Bolgheri Sassicaia）というワインが、ロンドンのテイスティング大会で、ボルドーはメドック（Médoc）地区の一級格付けシャトーのワインを破りました。それまでほぼ無名だったボルゲリという土地は、これによって世界的に有名になり、評論家たちはトスカーナのワインのなかでも超越したもの、ということで「スーパー・タスカン」と言いだします。

その後1984年にボルゲリ❶が、1994年にボルゲリ・サッシカイア❷が、D.O.C.として認定されました。ボルゲリの生産可能色は赤・ロゼ・白ですが、赤ワインがメインです。カベルネ・ソーヴィニョンとメルロ主体で、そこにサンジョヴェーゼなども加えることができます。白はさわやかな香りと口当たりのいいヴェルメンティーノ（Vermentino）が主体でソーヴィニョン（Sauvignon）なども加えることができます。
D.O.C.ボルゲリ・サッシカイア❷のサッシカイアは、「ワイン名（ブランド名）」なんですよね。ふつう原産地呼称名は「地名」が付くはずなのに。そんなこと、ここだけなんです。まあ、それくらいインパクトのある存在ということなんでしょうね。
ボルゲリに最初のブドウが植えられたのは、第二次世界大戦中の1944年、それほど昔ではありません。トスカーナは非常に日照量が多くて暑い地域なんですが、海岸沿いにある平地と丘陵地のボルゲリには、涼しい海風が吹きます。そして土壌には石ころが多いのが特徴。この気候と土壌がボルドーのメドック地区とよく似ていたので、ボルドー品種の栽培に最適でした。

ただ栽培適地だとわかってから植えたかといったらそうではなく、貴族の気まぐれ

D.O.C.	赤	ロゼ	白	備考
❶ Bolgheri ボルゲリ	●	●	○	赤・ロゼ：カベルネ・ソーヴィニョン、メルロ、サンジョヴェーゼ 白：ヴェルメンティーノ、ソーヴィニョン
❷ Bolgheri Sassicaia ボルゲリ・サッシカイア	●			赤：カベルネ・ソーヴィニョン主体

みたいなもので、この地の領主が懇意にしていたシャトー・ラフィット・ロートシルト（Château Lafite-Rothschild）――ボルドーの五大シャトーの1つ――からブドウの木を分けてもらって、丘の上に植えたのがはじまりなんです。もともとボルゲリは羊やイノシシ、馬や牛が多い牧草地帯だったんですが、カベルネ・ソーヴィニョンとメルロを植えてみたら、どうやら適地だったようで、あれよあれよという間においしいワインができあがりました。

伝統的なワイン産地ではなかったので、規則にとらわれないワイン造りができたこともよかったみたいです。いろんな貴族たちがブドウ畑を耕しに来たり、フランスやイタリアから有名な醸造家を呼んだりして自分たち用においしいワインを造っていて、これが1978年のロンドンのテイスティング大会につながっていきました。

ブルネッロ・ディ・モンタルチーノ

キアンティとボルゲリをご紹介しましたが、もう1つトスカーナの代表的なワインに、D.O.C.G.ブルネッロ・ディ・モンタルチーノ（Brunello di Montalcino）❹があります。イタリアを代表する2大高級ワインと言えば、ピエモンテのバローロ（Barolo）、そしてトスカーナのブルネッロ・ディ・モンタルチーノです。実は、ボルゲリよりは古いとはいえ、このワインもまだ新しいんです。品種は、サンジョヴェーゼ100%。モンタルチーノ村でのサンジョヴェーゼのシノニムが「ブルネッロ（🐗）」です。

D.O.C.ボルゲリ・サッシカイア

	D.O.C.G.	赤	ロゼ	白	備考
❹	Brunello di Montalcino ブルネッロ・ディ・モンタルチーノ	●			赤：ブルネッロ

〈Sangioveseのシノニム〉

産地	シノニム
Montalcino モンタルチーノ	Brunello ブルネッロ 🐗
Montepulciano モンテプルチアーノ	Prugnolo Gentile プルニョーロ・ジェンティーレ
Scansano スカンサーノ	Morellino モレッリーノ

ただ厳密に言うと、ブルネッロは、サンジョヴェーゼのクローンの1つなんです。サンジョヴェーゼって突然変異しやすくて、放っておくとどんどん亜種ができてしまいます。そんな亜種の中からカビや病気に強く、良い実をつける木を見つけ、そこから作ったクローンを「ブルネッロ」――「ブリュン(Brune)」が茶色、「〜エッロ(ello)」が小さいものを表す接尾語――と名付けたのがはじまりです。

他のサンジョヴェーゼと比べて、濃厚で深い色をし、力強く何十年にもわたる熟成能力があるのが特徴です。

このブルネッロを造ったのが、ビオンディ・サンティ(Biondi Santi)という人です。ブドウ自体を1870年ごろから栽培して、1880年代にブルネッロ・ディ・モンタルチーノというワインを完成させました。D.O.C.G.として昇格したのは1980年です。ビオンディ・サンティは今も代々その家族が品質と名声を守り続けていて、ブルネッロ・ディ・モンタルチーノのなかでも最も有名な造り手として輝き続けています。なんと言っても元祖の生産者ですからね。

ブルネッロ・ディ・モンタルチーノは、どこで造られているかというと、シエナ県のモンタルチーノ村(☞)です。フィレンツェから車で南下すること2時間。糸杉が並ぶ美しい丘とブドウ畑が広がっていて、中世の古い城や教会を中心にした小さな街が現れます。

1960年代後半、まだD.O.C.G.に認定される前は、ブルネッロは80haくらいしか栽培されてなかったんですが、今では2000haくらいになっています。生産者も20くらいだったのが、200を超

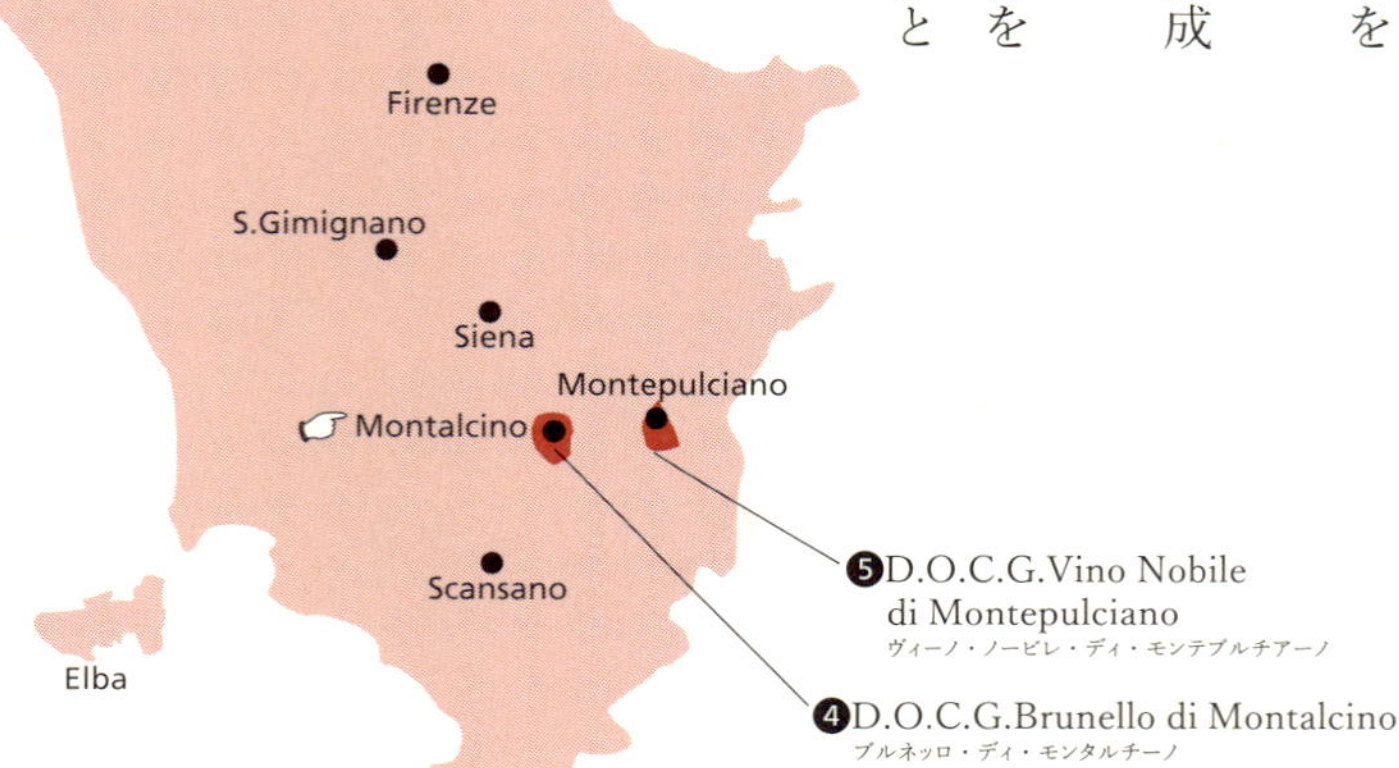

えている。高級ワインですが、最近では「ブルネッロ・ディ・モンタルチーノ」と名乗ることができれば高く売れると、安易に生産しているワイナリーもある気がします。玉石混淆で、100ユーロくらいするのに、価格に見合わない品質のワインもあるので、買うときには気をつけなければなりません。

知らない造り手のワインを発掘するのも楽しいんですが、決して安い買い物ではないので、信頼できる生産者のものを信頼できるお店で買うのが無難ですね。

ブルネッロは長期熟成能力が高く、バローロに匹敵する……もしくはバローロよりも長期熟成に向いているんじゃないか、とさえ言われています。最低アルコール度数は12.5%ですが、法定熟成期間は50ヶ月以上と非常に長い。滅多に出合えないですが、20年以上もの間、いいコンディションで熟成してきたブルネッロには本当に素晴らしいフィネス（繊細さ、優美さ、上品さ）を感じます。

たとえば、私の大好きな造り手にマストロヤンニ（Mastrojanni）という人がいるのですが、その「1997年」のヴィンテージのものを先日飲む機会がありました（下のイラストはヴィンテージ違い）。それは、オレンジを帯びながらもルビー色に輝く妖艶な外観で、まず眺めているだけでうっとりしてしまいます。香りはしっかり開いていて、コンポートにしたようなカシスやブルーベリーの果実味をまだしっかり残しつつ、ドライフラワーにしたバラの香りがグラスいっぱいに溢れてい

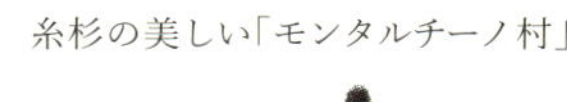
糸杉の美しい「モンタルチーノ村」

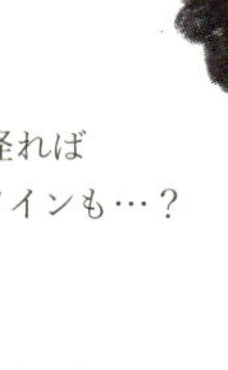
時を経れば
このワインも…？

ます。その香りをかき分けさらにググッと嗅いでいくと、動物的なニュアンスが見つかります。なめし皮、熟成した肉の香り。その陰で、見過ごすほどに溶け込んだシナモンや甘草のスパイス香。そしてわずかにトリュフ。香りの探検だけでしばらく足止めをされてしまい、飲むところまでなかなかたどり着けません。そしていよいよ飲んでみると……ほんのわずか口に含んだだけで、口中が先ほどのめくるめく香りの要素で満たされます。アタックは力強くもしなやか。酸もタンニンも、甘みと美しく溶けあっていて当たるところがありません。こういうワインに出合えると本当に幸せを感じます。

こんなに素晴らしいワインはバローロでも簡単には見つからないし、やっぱりブルネッロはブルゴーニュやボルドーの最上のものとも異なる、1つのワインの頂点だと思います。

優雅で高貴なワイン

ここまでトスカーナを代表する4つのD.O.C.G.についてお話ししてきましたが、もうひとつ押さえておきたいD.O.C.G.をあげておきましょう。ヴィーノ・ノービレ・ディ・モンテプルチアーノ(Vino Nobile di Montepulciano)❺です。主要品種はプルニョーロ・ジェンティーレ(Prugnolo Gentile)、モンテプルチアーノ村でのサンジョヴェーゼのシノニムです。味わいは、キアンティ・クラッシコより大人びていて、ブルネッロよりも優しい印象、言いかえると2つのいいところ取りをしたようなワインで、名前のとおり「優雅で高貴(Nobile)なワイン」と言

D.O.C.G.	赤	ロゼ	白	備考
❺ Vino Nobile di Montepulciano ヴィーノ・ノービレ・ディ・モンテプルチアーノ	●			赤:プルニョーロ・ジェンティーレ

われています。

トスカーナの郷土料理

では最後に、トスカーナの郷土料理を見ていきましょう。

希少なキアナ牛（Chianina）（キアニーナという品種の牛）のTボーンステーキや、チンタセネーゼ（Cinta Senese）種の豚肉の生ハムなど、豪華な料理がある一方で、クチーナ・ポーヴェラ（Cucina Povera）（貧乏料理）とも呼ばれる、あまったものや、ふつう捨ててしまうようなものを使った庶民料理も多いんです。見た目にも派手さはないけれども、しみじみ胃に沁みるようなおいしさがあります。

クチーナ・ポーヴェラの代表とも言えるのが、リボッリータ（Ribollita）。余った野菜と白隠元豆のスープにパンも一緒に入れて煮込んだグラタン風の料理です。昔、硬くなったパンを小さくちぎって、スープに浸してやわらかくして食べていた、というところから生まれたそうです。よく黒キャベツ（カーヴォロ・ネーロ）が入っています。名前の由来は、リ（再び）ボッリータ（煮た）という意味で、前の日に余ったスープをもう一度、具を加えて煮て食べたからという説、一度煮込んで作ったスープを最後にオーブンで焼いて出すことが多いので、そのことを指しているという説もあります。

かなり大きい「キアナ牛」

また、ミネストローネ・トスカーノ（Minestrone Toscano）（白隠元豆のミネストローネ）という料理もあったりして、トスカーナ人は他のイタリア人からマンジャファジョーリ（豆食い野郎？）って呼ばれるくらい、豆をよく食べるんです。

ちなみにあまりいい言葉ではありませんが、ヴェネト（Veneto）やトレンティーノ＝アルト・アディジェ（Trentino-Alto Adige）の人たちがポレンタ（Polenta）（P73）ばかり食べるので、ポレントーニ（ポレンタ野郎？）って呼ばれていたり、ナポリ（Napoli）の人たちがマッケローニ（マカロニ野郎？）と呼ばれていたり、各地で食べ物があだ名になっているのも、イタリアらしいところです（笑）。

次に、豪華なお料理も見ていきましょう。先ほどから話に出ているTボーンステーキ、正式にはビステッカ・アッラ・フィオレンティーナ（Bistecca alla Fiorentina）は、特産のキアニーナの、T字形の骨がついたままの肉を炭火で焼いた豪華なステーキです。骨の片側はサーロインで、もう片側はテンダーロイン（フィレ）。脂肪が少なくやわらかいのが特徴です。

基本的には一皿注文すると最低でも1キロくらいの塊が出てきます。骨も入った重さですが、肉の部分だけでも600～700gはあります。地元のおじいちゃんとおばあちゃんがひとり一皿ずつ食べていたのにはびっくりしましたが、赤身で脂っぽくないので意外と食べられるんですね。これをキアンティ・クラッシコと一緒に合わせると、お肉がワインを、ワインがお肉を欲しがるので、肉・肉・ワイン・肉・ワインって感じで、肉1kgとワイン1本があっという間になくなってしまいます（笑）。

キアニーナは、ステーキだけでなく、内臓もよく食べられていて、トリッパ（Trippa）（第2

ビステッカ・アッラ・フィオレンティーナ

胃）とランプレドット（第4胃）もフィレンツェの名物になっています。それぞれ日本では、ハチノス、ギアラと言ったりしますね。

これも高価なお肉が食べられない庶民の知恵で、本来捨ててしまうような内臓に手間ひまかけることで、労働者のためのハイエナジーでおいしい料理が生まれました。レストランでも食べられますが、ファストフード的に市場の片隅や街中の屋台でつまんで、キアンティなんかと合わせるのもおいしくて、楽しい！

基本はトマト煮込みですが、ボッリートもオススメです。つまりボイルしたものなんですが、さっぱりと酸味の効いたパセリのソースでいただきます。どちらもパンにはさむか、はさまずに器に入れて食べるか聞いてくれます。もちろん、テイクアウトもOKです。

ところでパンといえば、パーネ・トスカーノ（トスカーナパン）って知ってますか？　見た目はふつうのパンなんですが、なんと塩が入っていません！　フィレンツェ人に「なんでこんな味がないものがいいの？」って聞いたら、「日本人も味のない白ご飯食べるじゃん。それと一緒」と言われ妙に納得しましたが、これがトスカーナの料理によく合うんです。リボッリータに入ってるパンもこれです。最初は味がしなくておいしくないと思っていましたが、慣れるとはまっちゃう……かといって、いつも食べたいわけではないんですが（笑）、この塩気のないパーネ・トスカーノを食べると、トスカーナに来たなぁって感

「トリッパサンド」の屋台

じがします。

といったところで、今日の授業はおしまいです。終盤に、かなり熱くお肉とワインについて語っちゃったので、私の今日のディナーは間違いなく赤身のステーキとキアンティ・クラッシコです。締めはブルネッロかな（笑）。

皆さん、おつかれさまでした！

特殊なワイン 4

ヴィン・サント（Vin Santo）

ヴィン・サント（Vin Santo）とは、陰干しブドウから造られたワインを小樽で醗酵、産膜酵母とともに長期酸化熟成させたもので、トスカーナ州がもっとも有名な産地です。ちなみに、ヴェネト州にも陰干しブドウからのワインがたくさんありましたが（P67）、このヴィン・サントも造られていて、ただ、呼び名はヴィーノ・サント（Vino Santo）です。

別名「ヴィーノ・メディタツィオーネ（Vino Meditazione）＝瞑想ワイン」とも言われます。特に定義があるわけではなさそうですが、イタリアではワインリストにも、泡、白、赤と別に、瞑想ワインという分類を見かけます。はっきりとした由来はわかりませんが、食後に、ワインだけを楽しみながらリラックスした時間を過ごしたり、じっくり深く味わいながら思いをめぐらせたり……といった楽しみ方ができるからでしょう。ヴィン・サントのような芳醇で複雑な香りと、優美で甘くとろけるような味わいがある、甘口のデザートワインがリストされています。

トスカーナに行くと、レストランでもヴィン・サントがずらっと並んでいて、本当によく飲まれています。甘口・中甘口・辛口とタイプはさまざまですが、産膜酵母由来の、ローストアーモンドの香りにたとえられるシェリー香も、フランスのヴァン・ジョーヌ（Vin Jaune）よりは軽やかに仕上がっていて、デザートワインとして飲まれることが多いです。主に白ブドウから造られますが、黒ブドウから造られたものは、色がやや赤黒く、「山ウズラの眼の色」に似ている、ということから、オッキオ・ディ・ペルニーチェ（Occhio di Pernice）（ヤマウズラの眼）と呼ばれます。

5日目

第四章

ティレニア海沿岸の州

2

リグーリア州
ウンブリア州
ラツィオ州
カンパーニア州
バジリカータ州
カラブリア州

Liguria

リグーリア州

海を想起させるワインを生産する

絶景のヴァカンス地

さて今日は、ティレニア海沿岸の、トスカーナ(Toscana)以外の州を見ていきましょう。

まず、トスカーナ州の北に東西にのびる細長い州、リグーリア(Liguria)州についてです。

年間を通じて温暖な気候なので、ヴァカンスを過ごす場所として国内外で人気です。夏は、人口の倍以上の人が訪れると言います。州都のジェノヴァ(Genova)からそのまま海岸沿いを西に行くと、フランスの高級リゾート地であるニース(Nice)やカンヌ(Cannes)までも車で2時間ほどです。

州の約70%が渓谷地帯で平地はわずか。ブドウ畑は海岸沿いの急斜面に広がっています。ワイン生産量はヴァッレ・ダオスタ(Valle d'Aosta)州に次いで少なく、そのほとんどが地元で消費されるため、輸出量はごくわずか。赤・白ワインの割合でいうと、魚介がよく獲れるせいか、白のほうが多い(約65%)です。

リグーリアを代表する白ワイン「D.O.C.チンクエ・テッレ」

風光明媚な「チンクエ・テッレ」

リグーリアの景勝地と言えば、世界遺産でもあるチンクエ・テッレ（Cinque Terre）でしょう。イタリア語で「5つ（Cinque）の大地（Terre）」を意味し、5つの小さな村が寄り添うようにできた海岸線沿いの地域で、入り組んだ断崖の上に家々とブドウの段々畑が連なっている風景は圧巻です。岩が多くやせた土壌で、唯一栽培に成功したのがブドウだったと言われていて、白ワインD.O.C.チンクエ・テッレ①は昔から珍重されてきました。土着品種であるボスコ（Bosco）とアルバローラ（Albarola）、そして主にティレニア海沿いで栽培されているヴェルメンティーノ（Vermentino）の3種の白ブドウのブレンドです。この地に伝統的な「果皮と共にアルコール醗酵」させる造り方をするため、少しオレンジがかった色合いになります（オレンジワインと言えるほどにには、色づいてはいません）。味わいは辛口で、海を想起させるミネラルの香り、かすかな苦味、塩味も感じられるので、魚介にピッタリな白ワインと言えます。

チンクエ・テッレにはシャッケトラ（Sciacchetrà）と付記されているものもあります。これは陰干しして半乾燥させたブドウで造る甘口ワインです。シャッケトラは、「シャック（回す）」と「トラ（採り入れる）」という意味で、糖度を高めるために陰干ししたブドウを房ごと

Genova

州都ジェノヴァ（Genova）は
イタリア最大の貿易港

ちょっとだけフランスと
国境を接しています

D.O.C.G.は
ありません

D.O.C.	赤	ロゼ	白	備考
① Cinque Terre チンクエ・テッレ			辛〜甘	白：ボスコ、アルバローラ、ヴェルメンティーノ ・Psあり

回し、陽をまんべんなく当てることに名前の由来があります。ドルチェ（デザート）など甘いものによく合うんです。

リグーリアの郷土料理

リグーリアの郷土料理ですが、日本人になじみがあるのは、ジェノヴェーゼソース（Pesto Genovese）でしょう。たくさんのバジリコ（バジル）と松の実、オリーヴオイル、チーズで作ります。バジリコやイタリアンパセリなど、香り高いハーブ類が豊富に採れる地域ならではのレシピです。トレネッテという平打ち麺と和えた、トレネッテ・アル・ペスト・ジェノヴェーゼ（Trenette al Pesto Genovese）がポピュラーな料理です。

また、本格的なものにはめったにお目にかかれませんが、カッポン・マーグロ（Cappon Magro）（魚介と野菜のサラダ仕立て）は、もともとはリグーリアの宮廷料理です。ホウボウやカキ、伊勢エビなど、魚介類と野菜を豪華に盛り付け、アンチョビ、ケッパー、ニンニク等で作ったソースをかけていただきます。

これと、先ほどご紹介したチンクエ・テッレ（白・辛口）の相性はバツグンです！

カッポン・マーグロ

バジリコ、松の実などで作る
「ジェノヴェーゼソース」

Umbria

ウンブリア州

名産・黒トリュフを引き立てる、ローマ法王も愛したワインを生産する

城壁都市オルヴィエートとワイン

「ティレニア海沿岸の州」という括りでお話ししていますが、実はこのウンブリア（Umbria）州だけ内陸です。イタリアの山麓地帯以外で、ティレニア海にもアドリア海にも面していないのは、この州のみです。

湖や川が多く、美しい丘陵地帯はイタリアの「緑の心臓」とも呼ばれています。海はなくても、緑と水に恵まれた州なんです。丘の上にある城壁都市オルヴィエート（Orvieto）は、観光名所となっています。

ローマ法王も愛したワイン「D.O.C.オルヴィエート」

山麓地帯以外で海に面していないのはこの州だけです

州都はペルージャ（Perugia）

アッシジの「聖フランチェスコ教会」

このオルヴィエートで、白のD.O.C.オルヴィエート❶が造られています。ウンブリアで広く栽培されているグレケット(Grechetto)、プロカニコ(Procanico)(トレッビアーノ(Trebbiano)の一種)を主体に、辛口から甘口まであります。

もともとオルヴィエートは、貴腐菌が付着したブドウから造られる甘口の貴腐ワインで、1970年代前半までは「黄金色をした素晴らしい甘口ワイン」として、歴代のローマ法王などにも愛されてきました。しかし、世界的な辛口への嗜好の変化もあり、現在は辛口のほうが多く造られています。

辛口(セッコ)(Secco)*1はかすかに緑がかっていて、ミネラルや柑橘類、上品な花の香りがするやさしい味わいで、魚介類によく合います。一方、薄甘口(アッボッカート)(Abboccato)*1はハムやパテなど、ちょっと塩味のあるお肉と合わせるのがおすすめです。

また、州都ペルージャ(Perugia)のすぐ南にあるモンテファルコ(Montefalco)村では、サグランティーノ(Sagrantino)という黒ブドウ品種100%の、D.O.C.G.モンテファルコ・サグランティーノ❶という赤ワインが造られています。サグランティーノは、この村の周辺だけで栽培される土着品種で、ポリフェノール*2の含有量がとても多く、タンニンと色素が豊かな、濃いガーネット色をした味わいも濃厚なワインに仕上がります。

*1　スティルワインの甘辛度表示についてはP126を参照

*2　ポリフェノールとは、黒ブドウの果皮や種、お茶などに豊富に含まれる、植物がもつ独特の苦味や渋味、色素成分で、高い抗酸化作用が注目されています

城壁都市「オルヴィエート」

D.O.C.	赤 ロゼ 白	備考
❶ Orvieto オルヴィエート	辛〜甘 貴腐	白:グレケット主体 ・VT、Clあり

モンテファルコ村から南西の方に行った、トルジャーノ（Torgiano）村の小高い丘の上ではD.O.C.G.トルジャーノ・ロッソ・リゼルヴァ（Torgiano Rosso Riserva）❷が造られています。こちらはサンジョヴェーゼ（Sangiovese）を主体とした、深みがあってバランスのいい味わいの赤ワインです。

ウンブリアの郷土料理

では、ウンブリアの郷土料理を見ていきましょう。

南東にあるノルチャ（Norcia）という町は黒トリュフが名産で、イタリアにおけるトリュフの2大産地の1つです（もう1つはピエモンテ（Piemonte）州・アルバ（Alba）の白トリュフ）。「ノルチャ風（アッラ・ノルチーナ（alla Norcina））」と言えば「黒トリュフ風味」を意味するくらい、地元の代名詞になっています。スパゲッティ・アッラ・ノルチーナ（Spaghetti alla Norcina）（スパゲッティの黒トリュフ風味）という名物料理もあって、これにはぜひ地元のオルヴィエート・クラッシコ（Orvieto Classico）（P64）を合わせてください。えも言われぬ、香り高いマリアージュです！

名産「黒トリュフ」を探しに

D.O.C.G.モンテファルコ・サグランティーノ

D.O.C.G.	赤	ロゼ	白	備考
❶ Montefalco Sagrantino モンテファルコ・サグランティーノ	●			赤：サグランティーノ・Psあり
❷ Torgiano Rosso Riserva トルジャーノ・ロッソ・リゼルヴァ	●			赤：サンジョヴェーゼ

Lazio

ラツィオ州

最高のワインが「ある！ ある!! ある!!!」

永遠の都が持つ歴史の重み

次はラツィオ州（Lazio）を見ていきましょう。州都は、イタリアの首都でもあるローマ（Roma）です。古代ローマ帝国時代はまさに「世界の中心」だったわけですが、今なお「永遠の都ローマ」と呼ばれるように、世界の芸術・文化遺産の30％はローマにあると言われています。ローマを旅すると、「歴史の重み」みたいなものを感じますよね。

ラツィオ州で造られるワインは、約7割が白。爽やかで、スムーズな味わいが特徴です。代表的なワインに、D.O.C.エスト・エスト・エスト・（Est! Est!! Est!!! di Montefiascone）

ラツィオを代表する白ワイン「D.O.C.エスト・エスト・エスト」

ローマの観光名所「コロッセオ」

エスト・ディ・モンテフィアスコーネ❶があります。日本でもカジュアルなイタリアンに行くと、よく置いてありますよね。主要品種はトレッビアーノ（Trebbiano）とマルヴァジア（Malvasia）で、中部イタリアのワインらしく、酸味はひかえめで、心地よい果実味があります。

「Est」はラテン語で「ある」という意味です。では、「ある！　ある!!　ある!!!」とはどういうこと？　由来は12世紀に遡ります。あるドイツ人司教が教皇に会うためバチカン（Vaticano）へ旅することになったとき、弟子の聖職者を自分より先に行かせて、道中で最高のワインを探させました。そして、モンテフィアスコーネという町の宿でこのワインに出合います。弟子はあとからくる司教のために、宿の入口に「エスト！　エスト!!　エスト!!!」と書き残したそうです。「ここだよ！　ここ!!　見逃さないで!!!」という強いアピールを感じますね（笑）。

エスト・エスト・エスト・ディ・モンテフィアスコーネにも使われるマルヴァジアには、亜種がたくさんあります。ラツィオには、その亜種の1つ、マルヴァジア・ビアンカ・ディ・カンディア（Malvasia Bianca di Candia）*を主要品種にした白ワイン、D.O.C.フラスカーティ（Frascati）❷もあります。

さらに「カンネッリーノ」がついて、カンネッリーノ・ディ・フラスカーティ（Cannellino di Frascati）となる

D.O.C.	赤	ロゼ	白	備考
❶ Est! Est!! Est!!! di Montefiascone エスト・エスト・エスト・ディ・モンテフィアスコーネ			○ 発	白：トレッビアーノ・トスカーノ、マルヴァジア他 ・Clあり
❷ Frascati フラスカーティ			辛〜甘 発	白：マルヴァジア・ビアンカ・ディ・カンディア他

＊ モスカート（Moscato）種（ギリシャ原産、イタリア全土で栽培される）に近く、マスカットの香りが特徴的な白ブドウ

と、甘口のD.O.C.G.❶となります。

また、「フラスカーティ」に「スペリオーレ（P59）」がつくと、辛口・白の、D.O.C.G.フラスカーティ・スペリオーレ❷です。D.O.C.フラスカーティよりも厳しい生産規定があり、アルコール度数はより高く、味わいもよりふくよか。一言で言うと、フラスカーティの高級版です。

ここまでが白ワインのお話でしたが、一方の赤ワインは全体の約3割しか生産されていません。そのなかで、覚えておいてほしいのが、この州最初のD.O.C.G.であるチェザネーゼ・デル・ピリオ（赤のみ）❸です。チェザネーゼとはラツィオ原産の黒ブドウで、現在はローマ南東のピリオ周辺のみで栽培されています。凝縮した果実味と、しっかりとした酸とタンニンが特徴で、パワフルなお肉料理によく合います。

ラツィオの郷土料理

では、ラツィオの郷土料理を見てみましょう。

日本でも有名な「カルボナーラ」は、実はローマ発祥の料理なんです。正式名称はスパゲッティ・アッラ・カルボナーラ。グアンチャーレ（塩漬けほほ肉）またはパンチェッタ（塩漬け豚バラ肉）と卵のスパゲッティです。アッラ・カルボナーラとは「炭焼き職人風」という意味で、その由来には諸説あります。炭焼き職人（ローマの方言で

D.O.C.G.	赤	ロゼ	白	備考
❶ Cannellino di Frascati カンネッリーノ・ディ・フラスカーティ			甘	白：マルヴァジア・ビアンカ・ディ・カンディア他
❷ Frascati Superiore フラスカーティ・スペリオーレ			○	白：マルヴァジア・ビアンカ・ディ・カンディア他
❸ Cesanese del Piglio チェザネーゼ・デル・ピリオ	●			赤：チェザネーゼ

カルボナーリ（Carbonari））が考案したパスタ料理で、胡椒が炭の粉を連想させた、というのが1つ。他にも、第二次世界大戦時に駐留していたアメリカ軍が好むスパゲッティとしてイタリア人シェフが考案した、という説などもあり、明確な由来はわからないようです。辛口白ワインの他、サンジョヴェーゼ主体の軽めの赤ワインともよく合います。

アマトリチャーナ（Amatriciana）も日本ではよく知られたパスタではないでしょうか。正式名称は、ブカティーニ・アッラマトリチャーナ（Bucatini all'Amatriciana）（アマトリーチェ風ブカティーニ）。アマトリーチェとはローマ北部の村の名前です。筒状のブカティーニ（Bucatini）というローマでポピュラーなパスタを使い、ソースは、グアンチャーレ、玉ねぎ、トマトソースで作ります。ちなみに、イタリアには650種類ものパスタがあると言われており、新しい種類も毎年発表されています！

アッラ・カルボナーラ、アッラマトリチャーナ以外にも「アッラ○○」がラツィオにはたくさんあります。まずポッロ・アッラ・ロマーナ（Pollo alla Romana）（鶏肉と野菜の煮込みローマ風）。イタリア全土で似た料理が作られていますが、パプリカとトマトを入れて煮込むのがローマ風です。さっぱりした味わいなので、こちらも赤ではなく、白を合わせるのがおすすめです（たとえばフラスカーティ・セッコなど）。

サルティンボッカ・アッラ・ロマーナ（Saltimbocca alla Romana）（仔牛肉と生ハムの小麦粉焼きローマ風）という料理も聞いたことがありますか？　サルティンボッカは、「口のなか（in Bocca）」で「跳び上

ローマ発祥「カルボナーラ」

サルティンボッカ

がる（Saltare）」の意味で、「口に飛び込んでくるくらい、簡単で素早くできて食べられる」が由来です。仔牛肉を生ハムで巻いて、小麦粉を付けて焼いた料理ですが……名前ほどは素早く作れなさそうです（笑）。仔牛は白系のお肉*で軽めなので、どちらかというと軽めの赤か、辛口の白を合わせていきます。

もう1つ、私の好きな「ローマ風」を。ストラッチャテッラ・アッラ・ロマーナ（Stracciatella alla Romana）（ローマ風かき卵のスープ）です。ストラッチャテッラとは「ボロ雑巾」という意味で、スープに浮かぶ溶き卵（卵にパン粉とチーズ、レモンの皮を混ぜて作る）の様子をたとえたんでしょうが、面白いですよね。バケツ一杯食べられるんじゃないか、と思うぐらい（笑）、本当に大好きです。

ローマを旅して郷土料理を食べ尽くそうと思っても、この多彩さ……。簡単ではないでしょう。「ローマ料理も1日にしては成らず」です！

知っておきたいイタリアワインの言葉3

スティルワインの甘辛度表示

イタリアではスティルワインの甘辛度表示が、法律で定められています。

辛口は「セッコ（Secco）」と「アシュット（Asciutto）」のふたつの呼び方があります。アシュットは「口のなかが乾くような辛口」という意味らしいですが、どちらかというと、セッコと記されることが多いようです。

一番甘いのは「ドルチェ（Dolce）」ですが、ラツィオ州のフラスカーティ（Frascati）に対しては、ドルチェではなく、「カンネッリーノ（Cannellino）」と表示されます。州や地域によって特例が多く、表現が異なるのもイタリアならでは。

〈スティルワインの甘辛度表示〉

甘辛度	表示	甘辛	残糖量
辛口 ↑	Secco セッコ＝Asciutto アシュット	辛口	4g/ℓ以下
	Abboccato アッボッカート＝Semi Secco セミ・セッコ	薄甘口	4～12g/ℓ
	Amabile アマービレ	中甘口	12～45g/ℓ
↓ 甘口	Dolce ドルチェ Cannellino カンネッリーノ	甘口	45g/ℓ以上

＊ 他に鶏肉や豚肉など。牛肉などと比べ白っぽい肉

Campania

カンパーニア州
火山がワインを育む

カンパーニア・フェリックス

さらに南へ、カンパーニア州(Campania)を見ていきましょう。「ナポリを見て死ね」(Vedi Napoli e poi muori)というイタリアのことわざでも知られる州都のナポリ(Napoli)や、アマルフィ(Amalfi)、カプリ島(Isola di Capri)など、州全体が観光名所と言えるくらい、美しい風景が広がります。世界中から観光客が訪れるので、ワインの消費量が生産量を上回るという、珍しい州でもあります。

ほとんどが山で、平野部は2割弱しかないのですが、温暖な気候と豊かな土壌に恵まれているため、ワイン造りには理想的な場所と言われています。古代ローマ時

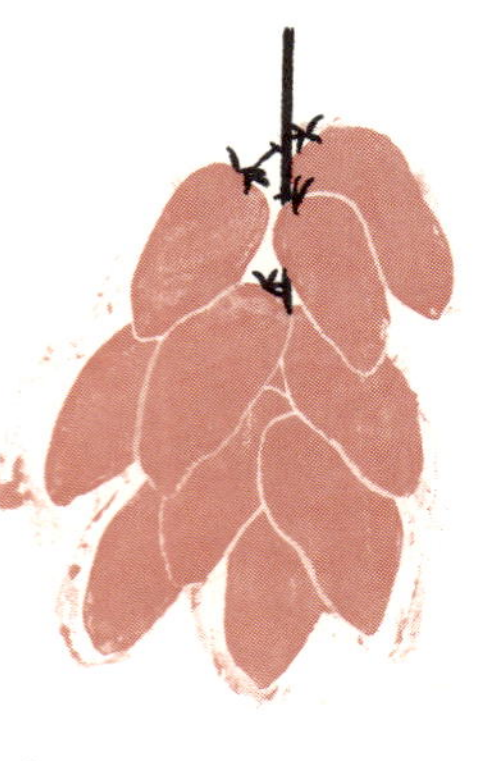

代には「カンパーニア・フェリックス（Campania Felix）（幸運なるカンパーニア）」と讃えられていました。
　土壌が豊かなのは、ヴェズヴィオ（Vesuvio）火山があるから。火山は噴火すると被害は甚大ですが、その後は溶岩や火山灰などが土壌に豊富なミネラルを与え、野菜やブドウなど、いろんな農作物が育ちやすくなるんです。楕円形をしたサンマルツァーノ（San Marzano）種のトマトも名産で、トマトソースにすると旨味がしっかりあっておいしいですよ。
　また、D.O.C.ヴェズヴィオ①というワインがあるくらい、火山のすぐそばでブドウも栽培されています。

D.O.C.	赤	ロゼ	白
① Vesuvio ヴェズヴィオ	●	●	○ 発

古代ローマから造られているワイン

　この州で著名なD.O.C.G.グレーコ・ディ・トゥーフォ（Greco di Tufo）*❶も、火山あってこそのワインと言えます。「トゥーフォ」とは火山灰からなる凝灰岩の土壌のこと。「グレーコ」とは、元々ギリシャを意味する言葉ですが、ここではブドウの品種名です。きれいな黄金色で、酸がしっかりあり、凝縮した果実味が特徴の白ワインです。

　グレーコは古代ギリシャ人がイタリアへもたらし、紀元前にはヴェズヴィオ山で栽培されていた、という記述もあるそうです。グレーコ・ディ・トゥーフォは古代ローマ時代から造られているワインですが、カンパーニアには他

＊　2003年にカンパーニア州の白ワインとしては、はじめてD.O.C.G.に認定されました

D.O.C.G.グレーコ・ディ・トゥーフォ

にいくつも歴史あるワインがあります。

たとえば、D.O.C.G.フィアーノ・ディ・アヴェッリーノ(Fiano di Avellino)❷。アヴェッリーノ県で、花のような香りが特徴の、古代ローマ時代からあるフィアーノという白ブドウから造られる辛口の白ワイン(スティルと泡)で、やさしい味わいです。

赤ワインならば、D.O.C.G.タウラージ(Taurasi)❸。南イタリアのワインとして、1993年にはじめてD.O.C.G.に認められました。赤のみ生産可能で、アリアニコ(Aglianico)という品種をメイン(85%以上)にして造られます。品種名は「ギリシャの〜」を意味する「エレニコ(Ellenico)」が由来。先程のグレーコ同様ギリシャから伝播して、イタリア南部、特にこのカンパーニア州とその南のバジリカータ(Basilicata)州で栽培されるようになったと言います。こちらは黒ブドウです。濃い色合いで、タンニンがしっかりある、パワフルな味わいのワインになります(そのため長期熟成にも向いています)。

カンパーニアの郷土料理

カンパーニアの郷土料理ですが、名産なだけに、トマトを使った料理が多いです。パルミジャーナ・ディ・メランツァーネ(Parmigiana di Melanzane)(ナスとチーズとトマトソースのオーブン焼き)、スパゲッティ・アッラ・プッタネスカ(Spaghetti alla Puttanesca)などがポピュラーでしょう。プッタネスカは「娼婦の」という意味です。アンチョビ、ケッパー、オリーヴが入ったトマトソースのパスタで、娼婦が空いた時間に、地元にふんだんにある、ありあわせの材料でパパッと作れるパスタというのが名前の由来らしいです。

D.O.C.G.タウラージ

D.O.C.G.	赤	ロゼ	白	備考
❶ Greco di Tufo グレーコ・ディ・トゥーフォ			○ 発	白:グレーコ
❷ Fiano di Avellino フィアーノ・ディ・アヴェッリーノ			○ 発	白:フィアーノ
❸ Taurasi タウラージ	●			赤:アリアニコ

もちろんカンパーニアの中心地、ナポリのピッツァにもトマトが欠かせません。ピッツァ・マルゲリータ（Pizza Margherita）（トマト、水牛のモッツァレッラ、バジルのピッツァ）は、トマトと名産のチーズ、モッツァレッラ・ディ・ブーファラ・カンパーナ（Mozzarella di Bufala Campana）を使ったシンプルなピッツァで、ナポリっ子にとっては毎日食べても食べ飽きない、子供から大人まで大人気の逸品です。ナポリには「真のナポリピッツァ協会」（Associazione Verace Pizza Napoletana）と「ナポリピッツァ職人協会」（Associazione Pizzaiuoli Napoletani）という組織があって、伝統的なナポリピッツァの材料や作り方を定めているそうです。

また、ビステッカ・アッラ・ピッツァイオーラ（Bistecca alla Pizzaiola）は、トマト、ニンニク、オレガノなど、ピッツァの具材で味付けした、ピッツァ職人風（ピッツァイオーラ）牛肉のソテーです。

ここで、本場の味を東京でも楽しめるお店を一軒紹介しておきましょう。私は、実はピッツァはあまり食べないのですが、ここにはついつい通ってしまうんですよね。なぜピッツァを避けがちか……お腹いっぱいで他の料理が食べられなくなってしまったり、お酒が飲めなくなるのが嫌なんです（笑）。そんな私も虜なのが、東京の麻布十番にあるピッツァ・ストラーダ。このお店のはなんと言っても生地が軽い。だから他のつまみやお酒もいっぱい楽しめるんです。なかでもおすすめはマリナーラ（Marinara）です。ニンニクとトマトソース、オレガノ、バジルという、チーズすらのっていない一番シンプルなもので、塩気の利いた生地のおいしさが際立ちます。あとはビスマルク（Bismarck）。こちらはトマトソースなしで、モッツァレッラ、マッシュルーム、ハム、半熟卵という構成。もう絶品です！　前菜も充実していて、いつも、砂肝のフリット、ミートボール、トリッパあたりをつまんでから、ピッツァにのぞんでいます。飲み物は、必ずカンパリ・ソーダ。毎回6、7杯は飲んじゃいます。ピッツァとの組み合わせがなかなかおいしいので（もちろんワインでもいいんですが）、ぜひ試してみてください。ちなみに地元ナポリでは、ピッツァに合わせる代表的な飲み物は、なんと、コーラらしいです（笑）。

さて、カンパーニアに話を戻して、最後にもう少し料理を見ていきます。海に面した州ですから、魚介の料理も紹介していきましょう。スパゲッティ・アッレ・ヴォンゴレ（Spaghetti alle Vongole）は今や、ヴェネト（Veneto）やシチリア（Sicilia）などイタリアのありとあらゆるところで作られていますが、もともとはカンパーニアの郷土料理なんです。また、カンパーニアでは、地中海沿岸以外のヨーロッパで敬遠されがちなタコも食卓にのぼるんです。＊ポルピ・アッラ・ルチャーナ（Polpi alla Luciana）という、オリーヴ、ニンニク風味のトマト煮がポピュラーです。

カンパーニアのワインって、火山性土壌や石灰質土壌のせいか、ミネラルがしっかりと感じられ、また南イタリアらしい果実味があるものが多いんです。このミネラル感が、ナポリの魚介料理と非常に相性がいい！　タコやアサリの海のミネラル豊富な旨味と、キリッとミネラルの利いた白ワインは合うし、トマトの旨味やニンニクのコクが加わってきても、果実味があってボディがしっかりしているので、これもまたよく合うんです。

カンパーニアの料理、どれもこれもおいしそうで、お腹が空いてきちゃいますね！

特殊なワイン（番外編2）

リモンチェッロ

イタリアのワイン以外のメジャーなお酒も1つご紹介しましょう。

リモンチェッロ（Limoncello）は、カンパーニア州発祥の、レモンの皮で造るリキュールです。イタリアの家庭では、自家製されることが多く、腕に自信のあるお母さんは、きれいな瓶に入れて白いリボンをかけ、子供の結婚式の引き出物にしたりします。

私もいただいたことがあるのですが、そこのマンマはお酒が強いせいか、ふつうのリモンチェッロよりもアルコール度数が高かった（笑）。でも、おいしかったです。

＊　タコはスペイン、ポルトガル、イタリア、ギリシャや南仏の一部では、日常的に食べられています

Basilicata

バジリカータ州

洞窟住居のほど近くでワインを生産

古のワイン造りを伝える小生産地

さて、さらに南の州を見ていきましょう。イタリア半島はよくブーツの形にたとえられますが、その「土踏まず」の部分に位置するのがバジリカータ（Basilicata）です。

石灰岩に掘られたマテーラ（Matera）の洞窟住居が観光名所です。このエリアではワインも造られていて、その名もD.O.C.マテーラ❶。赤・ロゼ・白、さらに泡（ロゼ・白）も、ということで「赤の泡」以外はすべて造られています。

小さな生産地ではありますが、古い歴史を持ち、「イタリア南部を代表する偉大な赤ワインの1つ」とも言われるワインがあります。それがD.O.C.アリアニコ・デル・ヴルトゥレ（Aglianico del Vulture）❷です。かつて古代ギリシャの植民地であった

世界遺産のエリアで造られる
「D.O.C.マテーラ」

時代に伝えられたという黒ブドウのアリアニコ100％で造られる、力強い味わいの赤ワインです。そのアリアニコ・デル・ヴルトゥレに「スペリオーレ（P59）」と付くと、バジリカータ州で唯一のD.O.C.G.であるアリアニコ・デル・ヴルトゥレ・スペリオーレ（Aglianico del Vulture Superiore）❶になります。カンパーニア（Campania）でタウラージ（Taurasi）についてお話ししましたが、同品種から造られるこの2つのワインはともに力強く、長期熟成にも耐えうるポテンシャルがあることから、南イタリアのバローロ（Barolo）とも称されています。

3000戸ほどもある
「マテーラの洞窟住居」

D.O.C.	赤	ロゼ	白	備考
❶ Matera マテーラ	●	● 発	○ 発	赤：サンジョヴェーゼ他 ロゼ：プリミティーヴォ主体 白：マルヴァジア他 ・Psあり
❷ Aglianico del Vulture アリアニコ・デル・ヴルトゥレ	● 発			赤：アリアニコ

D.O.C.G.	赤	ロゼ	白	備考
❶ Aglianico del Vulture Superiore アリアニコ・デル・ヴルトゥレ・スペリオーレ	●			赤：アリアニコ

2010年にD.O.C.G.に昇格しました

Calabria

カラブリア州
古代ギリシャ人羨望の地

エノトリア・テルス

「土踏まず」の部分がバジリカータ州でしたが、今日の最後に、「つま先」にあたるカラブリア州を見ていきましょう。

古代ギリシャ人はイタリアを、羨望の気持ちを込めて「エノトリア・テルス（ワインの大地）」と呼んだと前に言いましたが（P9）、そのきっかけは、このカラブリアのイオニア海岸沿いのブドウ畑を讃えてのことだったと言われています。

山が多いため、ブドウ畑は海岸線に沿って

州の名産
「唐辛子」

州都はカタンツァーロ

カラブリア人に愛される
「D.O.C.チロ」

点在しており、それゆえワインの生産量も少なめです。D.O.C.G.もありません。ただし、D.O.C.のチロ(Cirò)❶がユニークな存在で目立っています。3色すべて造られていて、赤とロゼは、ガリオッポ(Gaglioppo)、白は、グレーコ・ビアンコ(Greco Bianco)という、どちらもカラブリアの土着品種が主体。特に赤がよく飲まれるのですが、私のおすすめはロゼです。ガリオッポという黒ブドウは、色が濃く、タンニンがけっこうあるため、ロゼワインもかなりしっかりとした味わいになり、お魚からお肉までいろんなお料理に合うんです。たとえば、味付けがはっきりとしたお魚料理や豚しゃぶなど、「白ワインでは物足りないけど、赤ワインだと強すぎちゃうな」と思う料理との相性はバッチリ！

カラブリア名産の食べ物と言えば、なんと言っても「唐辛子」。いろいろなものに入っています。そもそも唐辛子は中南米原産で、15世紀末、コロンブスの新大陸発見を機に、トマトやジャガイモ、トウモロコシとともにヨーロッパに伝わったとされています。カラブリアに根付いたのは、気候や土壌が合っていたという説や、暑さが厳しく食料も豊富ではなかった時代に、庶民が保存食を作るために使うようになったという説があります。唐辛子の入った食材の1つに、「ンドゥイヤ(Nduja)」という真っ赤なサラミがあります。ちょっと硬めのペースト状なので、オリーヴオイルを加えてやわらかくしてパンに塗って食べたり、パスタのソースに溶かしてコクを出すのにも使えます。辛みが効いていて、やみつき必至です！　これに、味わいのしっかりしたチロ・ロッソを合わせると、どちらも止まらなくなっちゃいます(笑)。

また、オリーヴオイルの産地としても知られていて、プーリア州に次いで第2の生

D.O.C.	赤	ロゼ	白	備考
❶ Cirò チロ	●	●	○	赤・ロゼ：ガリオッポ 主体 白：グレーコ・ビアンコ 主体 ・Clあり

産量を誇ります。

何か辛いものが食べたくなってきましたね。今夜の私のメニューが決まっちゃいました（笑）。辛～いチゲ鍋風豚しゃぶとチロ・ロザートを楽しむことにします！

今日はここまでです。おつかれさまでした。

6日目

第五章

アドリア海沿岸の州

エミリア・ロマーニャ州
マルケ州
アブルッツォ州
モリーゼ州
プーリア州

Emilia Romagna

エミリア・ロマーニャ州

赤の泡の一大産地

食の二大都市を擁する州

今日は、6日目。アドリア海沿岸の5州を一気に見ていきましょう。まずは、北イタリアのほぼ中央、パダーナ平野に位置するエミリア・ロマーニャ州からです。州都ボローニャの西がエミリア地方、東がロマーニャ地方と、大きく2つに分かれています。

ボローニャは世界最古の大学（ボローニャ大学）がある町として有名ですが、「食の都」としても知られています。食の街がもうひとつあって、それは生ハムで知られるパルマです。「美食の町」と呼ばれています。パルマは食品産業が盛

イタリアで最も有名な赤の泡
「ランブルスコ」

タリアテッレ・アッラ・ボロニェーゼ

んで、EUの専門機関の1つである、欧州食品安全機関（EFSA）の本部もここにあります。豊かな食文化が根付いた州と言えるでしょう。

ワインなら、なんと言っても発泡性の赤ワイン、ランブルスコ（Lambrusco）です。主に、西のエミリア地方で造られます。フランスの格付けワインにはこういう「赤の泡」はほぼないんですが、イタリアでは地方ごとにいくつかあって、そのなかでもこのランブルスコが世界的に有名です。

ちなみに、東のロマーニャ地方では、赤の泡はなく、スティルワインの生産がほとんど。赤はサンジョヴェーゼ（Sangiovese）種から、白はトレッビアーノ（Trebbiano）種から、日常的に楽しむワインが造られています。

日本の食卓に合う赤の泡

では、ランブルスコを細かく見てみましょう。

まず、ランブルスコのなかで一番生産量が多いのがD.O.C.ランブルスコ・ディ・ソルバーラ（Lambrusco di Sorbara）①（☛）（ブドウ品種名もそのままランブルスコ・ディ・ソルバーラ）。

そして、ソルバーラのすぐ南に位置する、ランブルスコの伝統的生産地で造られるのがD.O.C.ランブルスコ・グラスパロッサ・ディ・カステルヴェートロ（Lambrusco Grasparossa di Castelvetro）②（☞）（ブドウ品種

③D.O.C. Lambrusco Salamino di Santa Croce
ランブルスコ・サラミーノ・ディ・サンタ・クローチェ
☛①D.O.C. Lambrusco di Sorbara
ランブルスコ・ディ・ソルバーラ
☞②D.O.C. Lambrusco Grasparossa di Castelvetro
ランブルスコ・グラスパロッサ・ディ・カステルヴェートロ
Parma
Modena*
Bologna

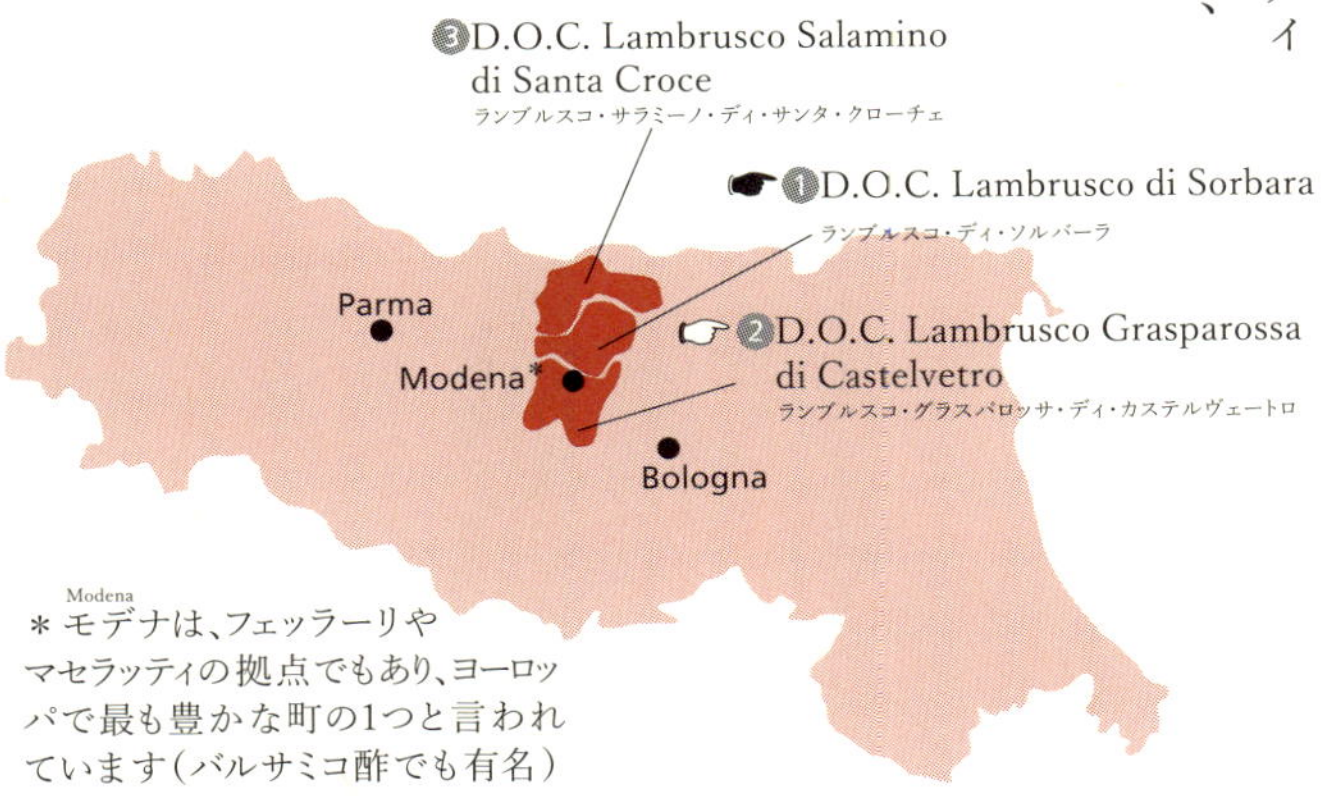

＊モデナ（Modena）は、フェッラーリやマセラッティの拠点でもあり、ヨーロッパで最も豊かな町の1つと言われています（バルサミコ酢でも有名）

D.O.C.	赤	ロゼ	白	備考
☛① Lambrusco di Sorbara ランブルスコ・ディ・ソルバーラ	発	発		赤・ロゼ：ランブルスコ・ディ・ソルバーラ主体・Frあり
☞② Lambrusco Grasparossa di Castelvetro ランブルスコ・グラスパロッサ・ディ・カステルヴェートロ	発	発		赤・ロゼ：ランブルスコ・グラスパロッサ主体・Frあり
③ Lambrusco Salamino di Santa Croce ランブルスコ・サラミーノ・ディ・サンタ・クローチェ	発	発		赤・ロゼ：ランブルスコ・サラミーノ主体・Frあり

名は、こちらもそのままランブルスコ・グラスパロッサ）。

グラスパロッサとソルバーラを比べて飲んでみるとわかるのですが、グラスパロッサのほうが赤ワインに近い味わいです（もちろん造り手によりけりですが）。グラスパロッサは色も濃くタンニンもしっかりしているので、男性的というか赤ワインの要素が強いんですね。反対にソルバーラは色素が薄く、タンニンが少なめで、香りが華やかで女性的なワインに仕上がります。

この２つの中間的な性質をもつと言われているのが、ランブルスコのエリアの中で一番北に位置する、D.O.C. ランブルスコ・サラミーノ・ディ・サンタ・クローチェ（Lambrusco Salamino di Santa Croce）❸（ブドウ品種名は、こちらもそのままランブルスコ・サラミーノ）で、こちらは量産品種で地元消費型です。

日本に輸入されているランブルスコは生産者が限られていますが、私としては、かなり推したいワインです。実は、日本の食卓、特に肉料理や中華っぽい料理にはかなり合います。赤ワインだと強すぎる、ロゼだとなんか物足りない……というとき、赤の泡なら、食事の味わいを支えつつ油をシュワッと流し、香りや風味が鼻からフワッと抜けて、後味が軽やかになるんです。

ただし、ランブルスコには甘口と辛口があるので買うときには注意してください。やっぱり辛口のほうが食事には合わせやすいです。でも、味の濃い料理や単独でワインだけを飲むときは、やや甘めのものもおいしいんですよ。

特殊なワイン５

発泡性の赤ワイン

ピエモンテ州（Piemonte）：
D.O.C.G. ブラケット・ダックイ（Brachetto d'Acqui）

ヴェネト州（Veneto）：
D.O.C.G. レチョート・デッラ・ヴァルポリチェッラ（Recioto della Valpolicella）

マルケ州（Marche）：
D.O.C.G. ヴェルナッチャ・ディ・セッラペトローナ（Vernaccia di Serrapetrona）

よく知られているのは、これらのD.O.C.G.ですが、D.O.C.やフリッツァンテ（Frizzante）も入れるとかなりの数になります。日本にはあまり入ってきていないので、現地に行ったときにそういうワインを見つけて飲むと楽しいですね。

Italian Coke

実はこのランブルスコ、イメージがあまりよくなかった時期があります。

1980年代、甘口のランブルスコがアメリカの若者の間で流行したことがあって、"Red Coke"、"Italian Coke"なんて呼ばれたりしていました。もともとは辛口メインだったのに、流行に合わせてエミリア・ロマーニャの生産者も「甘口」を大量生産してしまったんですね。やがてブームが終わり、ランブルスコと言えば「甘い赤の泡」、「ガブ飲みできる安っぽいお酒」といったイメージだけが残り、辛口もその影響を受けて、売れなくなってしまいました。彼らもそれを反省し、現在は本来の辛口路線に戻って、日常的に飲めるリーズナブルなものから、より丁寧な造りにこだわった高級なものまで、さまざまなタイプが生産されています。

イタリア初の白のD.O.C.G.

あと、ふれておきたいのが、D.O.C.G.ロマーニャ・アルバーナ(Romagna Albana)❶です。なんといっても、1987年にイタリア初の白のD.O.C.G.に認定されたワインですからね。古代ローマ時代から造られてきた歴史ある産地で、白ブドウのアルバーナ(Albana)100%で造られます。味わいはバラエティに富んでいて、しっかりとした辛口から甘口、パッシート(Passito)まで様々。地元レストランでは必ずオンリストされています。

D.O.C.G.	赤	ロゼ	白	備考
❶ Romagna Albana ロマーニャ・アルバーナ			辛〜甘	白:アルバーナ ・Psあり

エミリア・ロマーニャの郷土料理

では、エミリア・ロマーニャの郷土料理を見ていきましょう。

日本では「ミートソース」という名で誰もが知っているボロニェーゼ・ソース（Ragù alla Bolognese）は、この州の郷土料理です。もともとはイタリアの家庭料理らしい簡単な調理法のソースだったようですが、ボローニャの富裕層が牛肉や野菜、ワインなどを贅沢に使って、フランスのラグー（煮込み）のように改良したのが起源と言われています。* 南部のパスタと言えば、新鮮な魚介やトマトをシンプルに塩、ケッパー、バジル、オリーヴオイルなどとさっと調理したもの、といった感じですから、対照的ですね。

このソースは応用がとてもよく効きます。

タリアテッレ（Tagliatelle）という平打ちパスタにからめれば、タリアテッレ・アッラ・ボロニェーゼ（Tagliatelle alla Bolognese）に。家で作るなら、タリアテッレだけでなく、ボロニェーゼ・ソースの味わいによって、からめるパスタを変えるのもいいでしょう。重めならタリアテッレ以外にも、リガトーニ（Rigatoni）など食べ応えのあるショートパスタも合います。あっさりと仕上がっているならタリオリーニ（Tagliolini）のような細めのロングパスタや、ペンネ・リガーテ（Penne Rigate）といったショートパスタなどを合わせるのがおすすめです。パスタとソースの取り合わせの基本ですね。細いパスタに濃いソースをからめると麺の味わいや食感が負けてしまいますし、からみすぎて、口のなかで重く感じます。

また、ボロニェーゼ・ソースをラザニア生地、ベシャメル・ソースと合わせて焼く

* イタリア料理アカデミー（Accademia Italiana della Cucina）のボローニャ代表が1982年に発表したレシピでは、「牛肉、パンチェッタ、タマネギ、ニンジン、セロリ、トマトペースト、肉のブイヨン、赤ワインに加え、任意で牛乳およびクリーム」が基本の材料とされています。同アカデミーは、イタリアの美食の伝統を守り、国内外におけるイタリアの食文化の発展のための研究・啓蒙活動などを行っている国の機関です

と、ラザーニャ・アル・フォルノ（Lasagna al Forno）になります。

他に、アッラ・ボロニェーゼで有名なのが、コストレッタ・アッラ・ボロニェーゼ（Costoletta alla Bolognese）。これもボロニェーゼ・ソースが使われると思いきや、ちょっと違って、カツレツに生ハムとチーズをのせて焼いたものになるんです。コストレッタは、ヴァッレ・ダオスタ（Valle d'Aosta）風（生ハムとフォンティーナ・チーズをのせて焼く）も紹介しましたね（P78）。ちなみに、コストレッタ・アッラ・ミラネーゼ（Costoletta alla Milanese）はシンプルにレモンとバターの風味です。そこにルーコラとフレッシュトマトをのせた、プリマヴェーラ（Primavera）（春の意味）風もおいしいです。

「一緒に味わってくれ！」

冒頭で少し触れましたが、エミリア・ロマーニャ州はおいしい生ハムでも知られています。プロシュット・ディ・パルマ（Prosciutto di Parma）（パルマ産生ハム）を食べたことがある人も多いのではないでしょうか。

スライスしてそのまま食べるだけでなく、料理の隠し味にもよく使われます。たとえばトルテッリーニ（Tortellini）。生ハムやお肉を詰めた小ぶりのパスタをコンソメのスープに入れて食べます。その他にも、刻んでボロニェーゼ・ソースやミネストローネに入れてコクを出すのに使ったりも。

生ハムにとどまらず、エミリア・ロマーニャ州の加工肉にはおいしいものがいっぱい！　たとえば私の大好きなモルタデッラ（Mortadella）。豚肉をペースト状になるくらい細かく挽いて成型し蒸した、キレイな薄ピンク色のハムです。やわらかい舌触りですがアクセ

モルタデッラ

ントに、ラードのかたまり、黒胡椒、ピスタチオがそのまんまゴロリと入っていて、ひかえめな塩味なため、ついつい食べ過ぎてしまいます（笑）。日本では、スライスして売られることが多いんですが、ボローニャでは、サイコロ大の角切りで食べられています。ランブルスコの造り手と輸入のための商談をするときには、必ずと言っていいほど振る舞われます。自分のワインを「これと一緒に味わってくれ！」というわけです。

フランスワインとイタリアワインの大きな違いの1つは、フランスワインが（特に高級なものであれば）ワイン単体で楽しめるものであるのに対して、イタリアワインは基本的に食中酒として……つまり食事と合わせることで真価を発揮するという傾向が強く、このように商談のときにもそれがよく表れます。

そういえば、ヴィーニタリー（Vinitaly）（毎年春にヴェローナで開かれるワインの展示会）へ商談に行ったときも、エミリア・ロマーニャのパビリオンは特に楽しかったです。ある生産者は毎回、地元の行きつけのレストランのシェフとサラミ造り名人を連れてきていて、ちょっとしたレストランさながらの食事をしながら、ワインのテイスティングをさせてくれるんです。聞くと、「ふだん自分たちがどんな食べ物と合わせて楽しんでいるのかを実際に味わってもらうのが一番早いだろ」と話していました。他にもパルミジャーノ・レッジャーノ（Parmigiano Reggiano）という、エミリア・ロマーニャ州の牛の乳で作られるチーズを持ってきてくれたり、とにかく食べながら飲んでくれと言われます。それでこそ自分たちのワインの本当のおいしさがわかるんだよ、という思いが伝わってきま

パルミジャーノ・レッジャーノ

す。飲んでつまんで……おかげで商談はとても楽しく、びっくりするぐらい長くなってしまいます（笑）。

話は戻りますが、皆さんモルタデッラを日本で買うときには、スライスでなくぜひブロックで買って、角切りにしてランブルスコと一緒に食べてみてください。スライスで一枚食べるのと、角切りで食べるのとでは食感や風味がぜんぜん違います。軽めの白と合わせるならスライスでもいいですが、ランブルスコなら角切りがバッチリ！ちなみにイタリア系移民の多いブラジルでも、モルタデーラ（Mortadela）と呼ばれ、日常的に食されているそうです。

M a r c h e

マルケ州

魚のかたちのワインを生産

地味ながら粒ぞろいのワインたち

では続いて、アドリア海沿岸の州をさらに、北のマルケ（Marche）から、アブルッツォ（Abruzzo）、モリーゼ（Molise）、プーリア（Puglia）と順に見ていきましょう。日本人が旅行する機会もなかなかないようなちょっと地味な州が続くんですが、日本にもよく輸入されているユニークなワインがいくつかあるので、知っておきましょう。

まずマルケから。白ワインはほとんど、「ヴェルディッキオ（Verdicchio）」という土着品種から造られます。たとえば、D.O.C.ヴェルディッキオ・デイ・カステッリ・ディ・イエージ（Verdicchio dei Castelli di Jesi）❶など、「ヴェルディッキオ○○」というワインが多いです。お魚のかたちをしているボトルもあるんですか、それは、ペッシェ・ヴィーノ（Pesce Vino）（魚ワイン）と呼ばれるワイン。鯛がモチー

マルケの定番
「ヴェルディッキオ」の白ワイン

Ancona

赤ワインと白ワインの
割合は半々ぐらいです

州都はアンコーナ（Ancona）

アンコーナ風 魚のスープ

フで、「繁栄の象徴」だそうです。今ではふつうのボトルを使う生産者も多いですが、日本でもイタリアンで飾ってあるのをたまに見かけますね。ちなみに、これに「リゼルヴァ（P59）」がつくと、D.O.C.G.カステッリ・ディ・イエージ・ヴェルディッキオ・リゼルヴァ（Castelli di Jesi Verdicchio Riserva）❶です。

マルケはもともと白ワインがおいしい州なんですが、最近は、モンテプルチアーノ（Montepulciano）という黒ブドウ品種で造られる赤ワインの評価も高まってきています。ややこしいんですが、トスカーナ（Toscana）州のモンテプルチアーノは「地名（村名）」で、このマルケ州（とアブルッツォ州）では「ブドウ品種名」なんです（笑）。

このモンテプルチアーノ種から造られるのが、D.O.C.ロッソ・コーネロ（Rosso Conero）❷です。長期熟成させた「リゼルヴァ」は、D.O.C.G.コーネロ（Conero）❷となります。

マルケの郷土料理

では、マルケの郷土料理を見ていきましょう。

D.O.C.G.コーネロとよく合うのが、トリッパ・アッラ・マルキジャーナ（Trippa alla Marchigiana）（牛の胃袋のトマト煮マルケ風）です。マルキジャーナは「マルケ風」の意味。

マルケの白ワインはミネラル豊富かつ旨味がしっかりなので、魚介料理にぴったり。ブロデット・アッランコネターナ（Brodetto all'Anconetana）（アンコーナ風魚のスープ）なんかが合うでしょう。

D.O.C.	赤	ロゼ	白	備考
❶ Verdicchio dei Castelli di Jesi ヴェルディッキオ・デイ・カステッリ・ディ・イエージ			○ 発	白：ヴェルディッキオ主体・Ps、Clあり
❷ Rosso Conero ロッソ・コーネロ	●			赤：モンテプルチアーノ主体

D.O.C.G.	赤	ロゼ	白	備考
❶ Castelli di Jesi Verdicchio Riserva カステッリ・ディ・イエージ・ヴェルディッキオ・リゼルヴァ			○	白：ヴェルディッキオ主体・Clあり
❷ Conero コーネロ	●			赤：モンテプルチアーノ主体

Abruzzo

アブルッツォ州

イタリアワインを「量」で代表する銘柄を生産

アブルッツォのなんとか

次にアブルッツォ（Abruzzo）州。なんと99％が山岳地帯と丘陵地帯で平野が1％しかなく、「人間よりも羊のほうが多い」……と私が言ったのではなく、ソムリエ協会発行の教本にそう書いてあります（笑）。イタリアではそんなふうに揶揄されているそうです。

アブルッツォ州のワインと言えば、D.O.C.モンテプルチアーノ・ダブルッツォ（Montepulciano d'Abruzzo）①でしょう。「アブルッツォのモンテプルチアーノ」ということで、先ほどマルケ（Marche）州でお話しし

イタリア中部を代表する黒ブドウ「モンテプルチアーノ」の名産地です

州都はラクイラ（L'Aquila）

羊がいっぱい「アブルッツォ」

州を代表する赤ワイン「D.O.C.モンテプルチアーノ・ダブルッツォ」

たモンテプルチアーノという黒ブドウで造られる赤のみ生産可能なD.O.C.です。なんと、アブルッツォ州全域で年間1億本以上も生産されています！　ロゼの代表格は、D.O.C.チェラスオーロ・ダブルッツォ（Cerasuolo d'Abruzzo）②で、白はD.O.C.トレッビアーノ・ダブルッツォ（Trebbiano d'Abruzzo）③です。この州のワインは、「アブルッツォの〇〇（ブドウ品種名）」となっているのでわかりやすいですね。

D.O.C.G.の代表は、モンテプルチアーノ・ダブルッツォ・コッリーネ・テラマーネ（Montepulciano d'Abruzzo Colline Teramane）（赤のみ）①です。D.O.C.モンテプルチアーノ・ダブルッツォを生産するエリアのなかで、特に優れていると言われる北部テラーモ（Teramo）県の丘陵地帯「コッリーネ・テラマーネ」のワインがD.O.C.G.として認められました。

アブルッツォの郷土料理

アブルッツォの郷土料理を見ていきましょう。この州では、たとえばマッケローニ・アッラ・キタッラ（Maccheroni alla Chitarra）（キタッラのトマトチーズソース）など、キタッラ（四角い断面の手打ち麺）を使った料理が有名です。キタッラはイタリア語で「ギター」の意味なんですが、名前の由来は、薄く伸ばしたパスタ生地をギターの弦のようなものでカットして麺にするところにあるんです。

海沿いですから魚介料理もポピュラーです。マルケ州と同じように、地元で漁れた魚を使ったスープ、ブロデット・ディ・ペッシェ・アッラ・ペスカ（Brodetto di Pesce alla Pescarese）

D.O.C.	赤	ロゼ	白	備考
① Montepulciano d'Abruzzo モンテプルチアーノ・ダブルッツォ	●			赤：モンテプルチアーノ主体
② Cerasuolo d'Abruzzo チェラスオーロ・ダブルッツォ		●		ロゼ：モンテプルチアーノ主体
③ Trebbiano d'Abruzzo トレッビアーノ・ダブルッツォ			○	白：トレッビアーノ・トスカーノ主体

D.O.C.G.	赤	ロゼ	白	備考
① Montepulciano d'Abruzzo Colline Teramane モンテプルチアーノ・ダブルッツォ・コッリーネ・テラマーネ	●			赤：モンテプルチアーノ主体

レーゼ（ペスカーラ風魚のスープ）が名物となっています。

羊が多いことで揶揄されてしまう州ですから、羊料理は当然暮らしに根ざしています。なかでもアッロスティチーニ・アブルッツェージ（Arrosticini Abruzzesi）（アブルッツォ風羊肉の串焼き）が一番よく食べられていると思います。街には専門店がありますし、専用の焼き台を持つ家庭もあるほどです。シンプルに塩のみか、少しローズマリーなどのハーブを添えて焼き、レモンを絞って食べたり。羊独特の風味も含め、タンニンのしっかりしたモンテプルチアーノ・ダブルッツォがピッタリです。

知っておきたい
イタリアワインの言葉4

「ロゼ」を表す言葉

イタリア語にはロゼの色調に対してふたつの表現があります。

・チェラスオーロ（Cerasuolo）
色の濃いロゼから薄い赤、さらに濃い赤まで幅のある色調のワイン

・キアレット（Chiaretto）
明るい色調のロゼ

M o l i s e

モリーゼ州

マイナー州だからこそ知られざるいいワインが眠っている

モリーゼ(Molise)州はイタリアで2番目に小さな州で、州都はカンポバッソ(Campobasso)です。イタリアの中では一番地味な州と言われているからか、ソムリエ試験で出題が少ない州です。D.O.C.G.はなく、D.O.C.が4つあります。生産量としては約6割が赤です。D.O.C.ビフェルノ(Biferno)①が一番有名でしょう。生産可能色は、赤・ロゼ・白の3色です。

このモリーゼを含む、イタリア中・南部に位置する5州(バジリカータ(Basilicata)、カラブリア(Calabria)、カンパーニア(Campania)、モリーゼ、プーリア(Puglia))では、カチョカヴァッ(Caciocavallo Silano)

イタリアで2番目に小さな州です

Campobasso

州都はカンポバッソ(Campobasso)

D.O.C.	赤	ロゼ	白
① Biferno ビフェルノ	●	●	○

モリーゼの有名ワイン
「D.O.C.ビフェルノ」

ロ・シラーノという、ひょうたん型のチーズが作られています。モッツァレッラと同じ、熱湯を加えながら作る「パスタ・フィラータ（Pasta Filata）」系のチーズです。*

私は燻製がかかっている、アッフミカート（Affumicato）というタイプが特にお気に入り！　フライパンやオーブンで熱を加えて溶かし、ブロッコリーやアスパラガス、じゃがいもなどにかけて食べるのもおすすめです。

イタリア中・南部の代表的チーズ
「カチョカヴァッロ」

＊　カード（牛乳のタンパク質が固まったもの）からホエイ（乳清）を排出させ、堆積したカードを醗酵させたあと細かく裁断し、お湯をかけて練って引き伸ばして作るチーズのこと

Puglia

プーリア州

ワイン生産量イタリアトップを争う

オリーヴがよく育つ、南イタリアらしい土地

今日の最後はイタリア半島の「ブーツのかかと」、プーリア州(Puglia)です。州中部のアルベロベッロ(Alberobello)には、トゥルッリ(Trulli)と呼ばれる、とんがり屋根の家々の風景が広がり、世界遺産に登録されています。

温暖な気候に恵まれた大農産地で、全20州中もっとも山が少なく、ブドウ、オリーヴ、トマト、小麦をはじめとする穀物などがたくさん栽培されています。オリーヴオイルの生産量は、20州中第1位（カラブリアが2位）です。

オリーヴオイルの生産量1位。農業が盛んな州です

州都はバーリ(Bari)

「オリーヴ」の一大産地

とんがり屋根が特徴の「トゥルッリ」

ワイン生産量もイタリアトップの座を、ヴェネト（Veneto）、エミリア・ロマーニャ（Emilia Romagna）、シチリア（Sicilia）と毎年争っています（2017年は1位）。

13世紀中頃に南イタリアを統治していたフェデリコ2世が高台に建てた、全体が八角形をなす独創的な形のお城、カステル・デル・モンテ（Castel del Monte）（「山の城」という意味）も名所です。麓には、D.O.C.カステル・デル・モンテ❶のエリアが広がります。

プーリアでは、黒ブドウのプリミティーヴォ（Primitivo）という土着品種がよく育てられています。他のブドウ品種に比べ早熟で、早ければ9月上旬にも収穫期を迎えるため、「最初に（プリミティーヴォ）熟するブドウ」ということで、その名が付けられました。このブドウを使い、マンドゥリアという場所で、D.O.C.プリミティーヴォ・ディ・マンドゥリア（Primitivo di Manduria）❷が造られています。「ドルチェ・ナトゥラーレ」が付いて、プリミティーヴォ・ディ・マンドゥリア・ドルチェ・ナトゥラーレ（Primitivo di Manduria Dolce Naturale）となるとD.O.C.G.❶です。ドルチェですから「甘口」だとわかりますね。

ちなみにプリミティーヴォは、カリフォルニア州で主に栽培されている品種「ジンファンデル（Zinfandel）」と、近年のDNA鑑定によって、同じ品種だということが判明しました。

D.O.C.プリミティーヴォ・ディ・マンドゥリア

世界遺産「カステル・デル・モンテ」

プーリアの郷土料理

プーリアの名物料理は、オレキエッテ（Orecchiette）という「耳（オレッキオ）（Orecchio）」に似た形をしたショートパスタで、菜の花に味も形もよく似た野菜、チーマ・ディ・ラーパ（Cima di Rapa）と調理します。

また、カルボナーラというとローマですが、この州にもアニェッロ・アッラ・カルボナーラ（Agnello alla Carbonara）（仔羊のカルボナーラ風）という料理があります。

今日は、アドリア海側の5州について勉強しましたが、いかがでしたでしょうか？　普段なかなか耳にしない州もあったかもしれませんが、それぞれの州に個性豊かなワインと郷土料理がありましたね。

その中でも、赤の泡・ランブルスコを飲んだことがない方は、今日このあと、ぜひワインショップに直行してください（笑）。

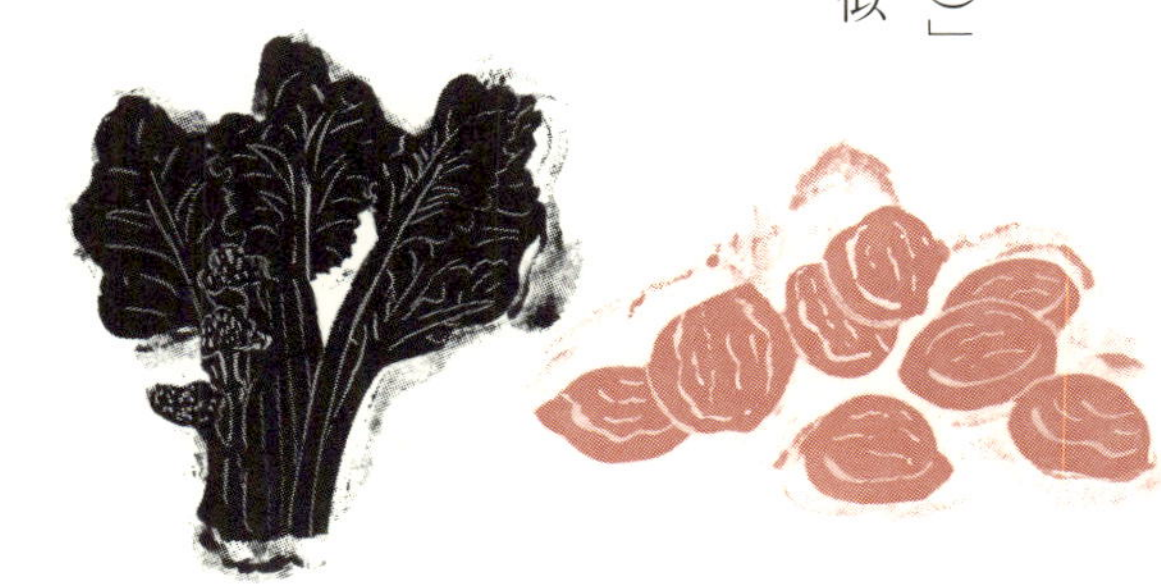

D.O.C.	赤	ロゼ	白	備考
❶ Castel del Monte カステル・デル・モンテ	●	● 発	○ 発	赤・ロゼ：ウヴァ・ディ・トロイア他 白：パンパヌート主体 ・Frあり
❷ Primitivo di Manduria プリミティーヴォ・ディ・マンドゥリア	●			赤：プリミティーヴォ主体

D.O.C.G.	赤	ロゼ	白	備考
❶ Primitivo di Manduria Dolce Naturale プリミティーヴォ・ディ・マンドゥリア・ドルチェ・ナトゥラーレ	甘			赤：プリミティーヴォ主体

7日目

第六章

地中海の島々

サルデーニャ州
シチリア州

Sardegna

サルデーニャ州

山海の幸がそろう、独自文化の島

独特のアイデンティティをもつ「山の民族」

今日が7日目、最後の授業です。締めくくりにイタリアを代表する2つの大きな島、サルデーニャ島（Sardegna）とシチリア島（Sicilia）について順番に見ていきましょう。

まずはサルデーニャ島。ナポレオンの生誕地として知られるフランスのコルシカ島（Corsica）（フランス語でコルス島（Corse））の真南にあります。地中海でシチリアに次ぐ二番目の大きさの島です。

周辺の島々を含めてサルデーニャ自治州を構成し、住民は固有の民族集団であると主張している、個性的な州でもあります。言語も、イタリア語より、サルデーニャ語がよく使われています。これはイタリア語の方言ではなく、フランス語・スペイン語などを含むロマンス諸語の1つで、名詞の複数形の語尾変化など、イタリア語と大きく異なっています。

他の諸州と歴史、文化がかなり違っていることが、ワインにも現れています。サ

サルデーニャの定番
「ヴェルメンティーノ」の白ワイン

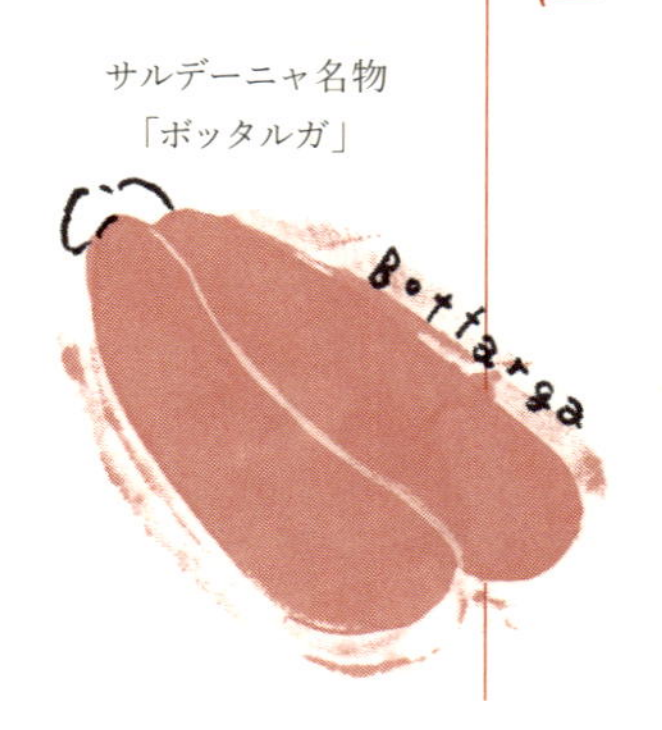

サルデーニャ名物
「ボッタルガ」

ルデーニャの代表的な品種と言えば、白ブドウの「ヴェルメンティーノ(Vermentino)」ですが、このブドウの起源もスペインという説が有力です。ワイン造りは、18世紀にサヴォイア家がこの地を支配するようになって発展したと言われています。また、サルデーニャは、ワインに欠かせないコルクの産地で、実はイタリア産のほとんどを作っています。原料はコルク樫の樹皮。木を傷つけないように厚く剝がして作るそうです。ちなみに世界一のコルク産地はポルトガルで、約半分のシェアです。

面積はイタリア全20州中、シチリア、ピエモンテ(Piemonte)に次いで3番目の大きさ。海に囲まれているので、魚介がいっぱい食べられていると思いきや、サルデーニャの人たちは「山の民族」とも言われていて、羊飼いや農民が多く、羊の肉もよく食べられています。

海岸沿いは異民族の侵略が多く、内陸へ、内陸へと移住した人も多かったというのがその理由の1つだそうです。

小規模ながら個性的なワイン

ワインの生産割合は、思った以上に赤ワインが多く、約55%を占めます。ただ全体の生産量はそれほど多くなく、シチリアの10分の1程度（もっともシチリアが特に多いのですが）です。

D.O.C.G.は、ヴェルメンティーノ・ディ・ガッルーラ（Vermentino di Gallura）[*1] ❶のみ。イタリア南部[*2]の白ワインとしてはじめてD.O.C.G.に認定（1996年）された、南の白を代表する銘柄の1つです。島の北東部のガッルーラと呼ばれるエリアで、ヴェルメンティーノを95%以上使った辛口白のスティルと泡が造られています。麦藁色で、黄色い果実や花の香り、適度な酸味と海風からくる塩味があり、コクや旨みが感じられ、アルコールもしっかりある濃厚な味わいの白ワインです。

他にヴェルメンティーノから造られる白ワインといえば、ヴェルメンティーノ・ディ・サルデーニャ（Vermentino di Sardegna）という、島全体での生産が認められている広域のD.O.C. ❶があります。白のスティルと泡が造られていて、基本的にはヴェルメンティーノ・ディ・ガッルーラ同様、麦藁色の濃い黄色ですが、若いものなら少し緑がかっていることも。果実味豊かな味わいで、島の魚介料理全般に合わせて楽しまれています。

また、酒精強化ワインも造られています。ブランデー等のグレープ・スピリッツ（ワインから造られる蒸留酒）を添加して、アルコール度数を上げ、保存性を高めたワイン

＊1　サルデーニャ・ヴェルメンティーノ・ディ・ガッルーラ（Sardegna Vermentino di Gallura）とも呼ばれます
＊2　国の公式な分け方（国立統計研究所による）ではサルデーニャとシチリアは「南部」に入らないのですが、ワインの世界では入れて考えることが多いです

のことで、英語ではフォーティファイドワイン（Fortified Wine）と言います。

一般的なワインのアルコール度数は、9～15度前後ですが、酒精強化ワインでは、15～22度前後になります。醗酵途中にスピリッツを添加することで、アルコール濃度が一定の値を超えると酵母が働かなくなり、醗酵が止まってしまいます。ブドウの糖分がアルコールにならず、果汁にまだ十分に含まれたままなので、甘口になるんです。醗酵後に添加する製法もあり、その場合は糖分がすべてアルコールに変わったあとなので、辛口に仕上がります。辛口は食前酒、甘口は食後酒として飲むことが多いです。

サルデーニャの酒精強化ワインの代表銘柄はD.O.C.ヴェルナッチャ・ディ・オリスターノ（Vernaccia di Oristano）❷で、フロール（産膜酵母）を発生させ、緩やかに酸化熟成させるので、ヴァン・ジョーヌ（Vin Jaune）（黄ワイン。フランスのジュラ（Jura）地方で造られる、5年以上も酸化熟成させたワイン）とはいかないまでも、シェリーのような香りをもつと言われています。

サルデーニャの郷土料理

食でいえば、なんと言ってもボッタルガ（Bottarga）（カラスミ）が有名です。そのまま薄切りにしてレモンやオリーヴオイルをかけて食べたり、パスタの具にしたりして食べられています。それから伊勢海老もポピュラーな食材です。ローストしたものがアラゴスタ・アッロスタ（Aragosta Arrosta）で、島の名物となっています。

「山の民族」というだけあって、チーズも名産。ペコリーノ・サルド（Pecorino Sardo）という、その名の通り（サルドが「サルデーニャ」の意）、サルデーニャ島だけで生産が認められている

D.O.C.G.	赤	ロゼ	白	備考
❶ Vermentino di Gallura ヴェルメンティーノ・ディ・ガッルーラ			○ 発	白：ヴェルメンティーノ ・Fr、Ps、VTあり

D.O.C.	赤	ロゼ	白	備考
❶ Vermentino di Sardegna ヴェルメンティーノ・ディ・サルデーニャ			○ 発	白：ヴェルメンティーノ ・Frあり
❷ Vernaccia di Oristano ヴェルナッチャ・ディ・オリスターノ			辛～甘	白：ヴェルナッチャ・ディ・オリスターノ ・酒精強化ワインあり

D.O.P. チーズがあります。羊が多い島らしく、羊乳で作られていて、3kg以上もある大きな硬質のチーズです。海水にしばらく浸すせいか、塩味が豊かで、ワインがどんどん進んじゃいます。

ところで、サルデーニャ料理のおいしいお店がロンバルディア(Lombardia)州のミラノ(Milano)にあるんです。トラットリア・デル・ペスカトーレ(Trattoria del Pescatore)という名前なんですが、私はミラノに行ったら、どうかすると、お昼に行って、夜もまた行って、というくらい好きな店です。もちろん店名でもあるペスカトーレも最高ですが、なによりおいしいのが、オマール海老と赤玉ネギ、トマトのカタラーナ風です。茹でたオマール海老を、赤玉ネギとトマトと一緒に塩とオリーヴオイルでさらっと和えただけ。これが、とにかくおいしい。このお店に来たお客さん全員が食べていると言っていいぐらい、大人気のメニューです。

これに何を合わせるかと言うと、パンです(笑)。ちょっと不恰好な、片手で持てないくらい立派なバゲットを、近所のパン屋さんで特別に焼いてもらっているらしいんですが、パンがイマイチなことの多いイタリアでも、ここのはかなりおいしい！最初からテーブルにそのまま1本どーんと置いてあって、皿に残ったオマール海老の旨みたっぷりのオリーヴオイルを付けて食べると、もう永遠に止まらない。ワインは、メニューも一応あるんですが言わないと出してくれなくて、「何か飲む？」と聞かれて「ワイン」って答えると、赤か白か泡かも聞かないで、まずは、スティルのヴェルメンティーノ・ディ・サルデーニャが1本ドンッと出てきます。オマール海老のカタラー

ナ風とヴェルメンティーノ、最高の組み合わせです！

ちなみに、「カタラーナ」とはスペインのカタルーニャ（Cataluña）のこと。サルデーニャを含む西地中海の島々と南イタリア、そしてカタルーニャのあるイベリア半島東部は中世、同じアラゴン連合王国でした。サルデーニャのアルゲーロ（Alghero）という街は、「リトル・バルセロナ」と言われるほど、今でもカタルーニャとの結びつきが強く、住民の約4割がカタルーニャ語を話せるそう。「なぜサルデーニャ料理にカタルーニャ風？」と思ったら、こういう背景があるんですね。

S i c i l i a

シチリア州
最注目！　活火山で造られるワイン

イタリア人というよりもシチリア人

では最後にシチリア州(Sicilia)を見ていきましょう。皆さん、シチリアの州旗ってご存じですか？女性の顔から足が3本出ている、一度見たら忘れられない特徴のあるモティーフなんですが、顔はギリシャ神話のメデューサで、3本の足はシチリアのパレルモ(Palermo)、メッシーナ(Messina)、シラクサ(Siracusa)の3つの岬を表しています。このシンボルは「トリナクリア(Trinacria)」と呼ばれていて、ギリシャ語の「3つの岬」に由来しているそうです。また、シチリアの別名でもあります。

州旗は、シチリア中のレストランの入り口

シチリアのシンボル「トリナクリア」

火山が育む「エトナ・ドック」

や、街中の看板、壁、ありとあらゆるところに掲げられています。こんなに自分たちの州旗を飾っている州は、他にないんじゃないでしょうか。それくらい地元を愛する意識が強いんです。

イタリア統一戦争の過程でサルデーニャ王国の支配下となり、その後イタリア王国併合を余儀なくされた、という歴史背景があり、現在でも特別自治州として認められていますが、独立運動に熱心な人たちもいます。特に年配の方には、イタリア人というよりもシチリア人としての自己認識の強い方が多いかもしれませんね。スペインにおけるカタルーニャ州やバスク地方と似ています。

もうひとつのシンボル

もうひとつのシチリアのシンボルといえば、島の北東部にあるエトナ（Etna）火山です。ヨーロッパで一番高い活火山で、標高は3300m超え。富士山（3776m）に迫る高さですね。現在でも頻繁に噴火を起こしていて、最近だと2017年と18年に噴火しました。ゴルフボールぐらいの石が、ゴロゴロ降ってきたらしいです。

カンパーニア（Campania）州のヴェズヴィオ（Vesuvio）火山にD.O.C.ヴェズヴィオがあった（P128）ように、火山と同名のワイン、D.O.C.エトナ①（P166）があります。シチリアでは、このワインは、「エトナ（Etna）・ドック（D.O.C.）」と呼ばれています（D.O.C.のことをイタリアでは一般的にドックと言います）。火山の周辺は、ミネラル豊富な土壌（火山性土壌）なので、いいブドウや野菜が育つんですよね。エトナ周辺だけでなく島全体で愛されているワ

インです。
D.O.C.エトナの畑は火山の東側半分をグルっと囲むように広がっています（☜）。土壌は、幾層にも重なる鉄や硫黄を含む溶岩。エトナ・ドックの白ワインは、白ブドウのカッリカンテ（Carricante）を主体に、同じく白ブドウのカタッラット（Catarratto）をブレンドして造られます。カッリカンテが品種由来のクリアな酸と土壌由来のミネラルを特徴とし、カタッラットは黄色い果実を彷彿とさせる完熟したフルーティさが特徴です。生産者によってブレンドの割合が微妙に異なるため、味わいの違いを楽しめます。

D.O.C.エトナは、もともとは白ワインのみの生産でしたが、現在は、赤・ロゼもたくさん造られています。主体となるのは土着品種の黒ブドウ、ネレッロ・マスカレーゼ（Nerello Mascalese）（ネレッロ・カプッチョ（Nerello Cappuccio）を数%加えることもあります）。この品種、酸が豊富で、ピノ・ノワール（Pinot Noir）との類似性が指摘されています。イタリア南部のブドウは、白ブドウも黒ブドウも、果実味が豊かでパワフルなものがほとんどですが、ネレッロ・マスカレーゼは、パワフルというよりエレガント。そのうえ、夏のエトナの特徴でもある、昼夜の寒暖差——昼は30度超え、夜は15度くらい——もあって、酸度と糖度のバランスが非常にいいブドウに育ちます。

エトナの思い出

エトナワインは、シチリアワインひいてはイタリアワインの中でも、酸とミネラル、

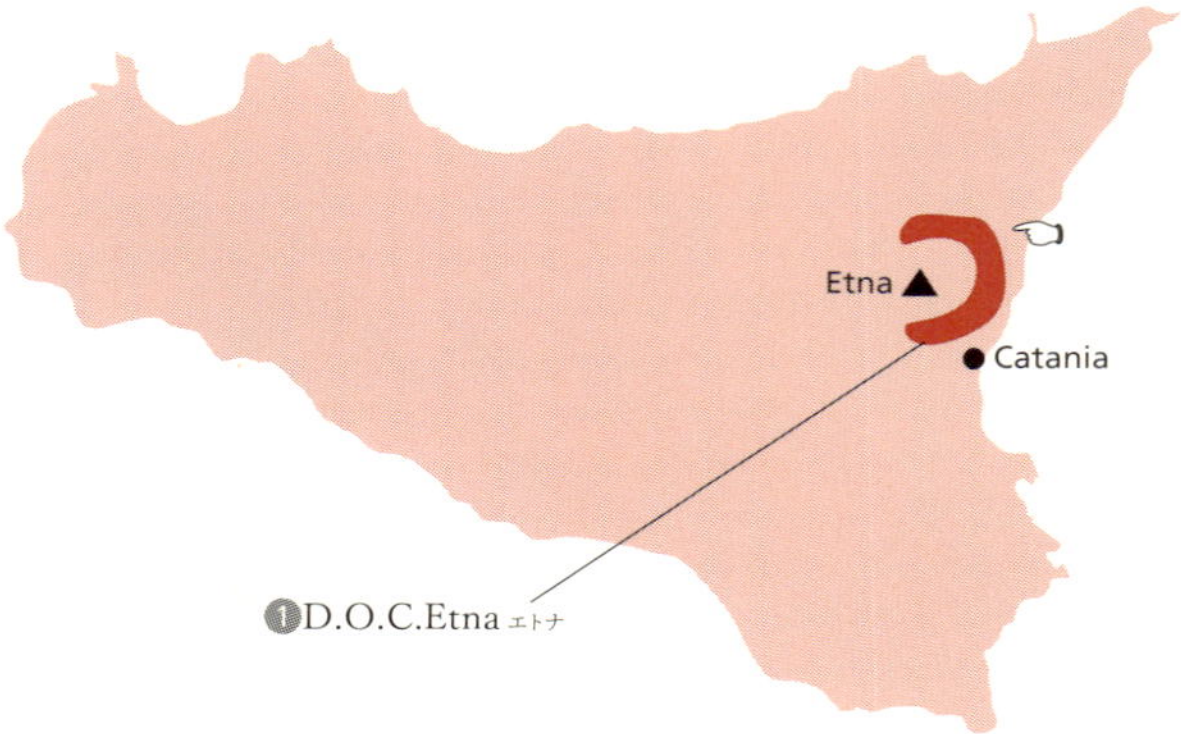

果実味のバランスが抜群にいいので、私が今、最も輸入したい銘柄の1つなんです。この味わいは、日本人の味覚に非常に合うと思います。なので最近は、イタリアワインの展示会でも、シチリアに行っても、新しいエトナワインを探し求めて飲みまくっています(笑)。

そんな中、先日、ずっと気になっていた1877年から代々続くエトナの生産者を、やっと訪ねることができました！　家族総出でお出迎えをしてくれて、はじめからシチリアならではの家族の絆の強さを感じました。ドン(おじいちゃん)、息子(お父さん)、孫、みんなでワイン造りをしています。跡継ぎになる20歳くらいのお嬢さんだけフリウリの大学でワイン醸造学を学んでいるため不在だったのですが、わざわざビデオ電話までかけてみんなで話しました。

ちなみに、そのとき、お土産に純米吟醸の日本酒の一升瓶を風呂敷に包んで持っていったら、「ファミリーで飲むのにちょうどいい大きさだね」と大変喜ばれました。日本酒は、私がワイン生産者を訪ねるときの定番のお土産です。ワインを造っている人って、やはり、ワイン以外のお酒にも非常に興味があるようで、特に日本酒は同じ醸造酒ということもあり、造り方なども、熱心に聞かれます。ワインと同じくらい日本酒もこよなく愛する私にとっては、日本酒のおいしさを語り、世界に広めるいいチャンス。質問も大歓迎です！　また、風呂敷はワインも包めるし、旅行のときに洋服なども包める、などといろいろ実演して、日本の文化をアピールしています。日本酒と風呂敷の組み合わせは、話のはずむ、お互いハッピーなお土産なんです！　私もお土産に、その土地の名産品や彼らが造ったワインをいただくことがあります。

シチリアワインの今昔

さて、少しだけシチリアワインの歴史に触れておきましょう。シチリアは、ブドウ栽培に適した典型的な地中海性気候で、古代からワイン造りが行われていました。* イタリアのなかで最も古いワイン産地なんです。

しかし以前は、質より量重視で、大量生産型の安ワインばかり造られていました。もともとシチリアは気候的に暑すぎたこともあり、技術が発展していない頃は洗練された高級な味わいのワインを造れなかったんです。でも1990年代前半から、シチリアのテロワールの素晴らしさを生かし、シャルドネ(Chardonnay)やメルロ(Merlot)といった国際品種を栽培する造り手（プラネタ(Planeta)など）や、アンソニカ(Ansonica)やネーロ・ダヴォラ(Nero d'Avola)といった土着品種のよさを引き出す造り手（ドンナフガータ(Donnafugata)など）が増えてきました。

こうして、シチリアワイン全体の品質が向上し、海外からも注目される優良ワイン産地となっていったのです。

シチリアを彩る個性的なワインの数々

D.O.C.G.は、チェラスオーロ・ディ・ヴィットリア(Cerasuolo di Vittoria)❶の1つだけ。カラブリア(Calabria)州でチェラスオーロと言えば、「チェリーの花」の意味からロゼを指しますが、このワ

＊ 紀元前7世紀の絵画や文献に、すでにワインを造る様子が記されています

インは赤です。シチリアで、チェラスオーロと言うと、この地方の「ケラスケス」という赤い実のなる木をさし、それが由来になったとも言われています。

主要品種は、先ほど出てきたネーロ・ダヴォラで、カラブレーゼ（Calabrese）というシノニムで呼ばれます。シチリアを代表する黒ブドウで、南部のラグーザ（Ragusa）県を中心に造られています。濃厚なルビー色で豊かな果実味、アルコールもしっかりあって、後味にほんのり苦味も感じられる、長期熟成型の赤ワインになります。熟成が進んだものは、羊や牛の肉料理全般によく合います。

エトナ・ドック❶のほかに押さえておきたいD.O.C.は、州都パレルモの近くで造られる、D.O.C.アルカモ（Alcamo）❷でしょう。赤・ロゼ・白と3色生産可能で、赤とロゼはカラブレーゼから、白も同じく土着品種のカタッラット（Catarratto）やアンソニカ（Ansonica）（＝インツォリア（Inzolia））から造られます。

また、離島でもワインが造られています。たとえば、シチリア島の南西に位置するパンテッレリア（Pantelleria）という小さい島で造られるD.O.C.パンテッレリア❸。シチリアよりも北アフリカのチュニジアに近い、風の強い火山島で、石器時代より刃物として使われる黒曜石が採れます。白ブドウのジビッボ（Zibibbo）（＝モスカート（Moscato））からスティルや、泡など幅広い白が生産されていますが、乾燥させて糖度を高めてから造る、甘口ワ

＼シチリアワインの生産量は白6：赤4の割合です／

D.O.C.G.	赤	ロゼ	白	備考
❶ Cerasuolo di Vittoria チェラスオーロ・ディ・ヴィットリア	●			赤：ネーロ・ダヴォラ＝カラブレーゼ主体 ・Clあり

D.O.C.	赤	ロゼ	白	備考
❶ Etna エトナ	●	● 発	○ 発	赤・ロゼ：ネレッロ・マスカレーゼ主体 白：カッリカンテ主体
❷ Alcamo アルカモ	●	● 発	○ 発	赤・ロゼ：カラブレーゼ主体 白：カタッラット、アンソニカ＝インツォリア他 ・VT、Clあり
❸ Pantelleria パンテッレリア			○ 発	白：ジビッボ＝モスカート ・Fr、Ps、酒精強化ワインあり

インのパッシート（Passito）が生産の中心です。ジビッボからのパッシートは黄金色で、甘いなかに酸味を感じ、後味にはマスカットの香りが広がり、イタリアを代表するデザートワインの1つとなっています。

D.O.C.マルヴァジア・デッレ・リパリ（Malvasia delle Lipari）④は、シチリア北東に点在する、リパリ島を中心としたエオリア諸島（Isole Eolie）で造られています。エトナの生産者のなかにも、これらの島に畑と醸造所を持っている人が多く、船で畑に行くそうで、この諸島に住んでいる生産者より、本島から船で通っている人のほうが多いようです。品種は、D.O.C.名と同じ、白ブドウのマルヴァジア・デッレ・リパリで、こちらもパンテッレリア同様、パッシートの生産が中心です。

イギリスで売れる！ マルサラ

D.O.C.マルサラ（Marsala）⑤もシチリアの名産です。スペインのシェリー（Sherry）、ポルトガルのポート（Port）、マデイラ（Madeira）などと同じ酒精強化ワイン（P161）です。

マルサラは白のほうが有名ですが、赤・白ともにシチリアの土着品種から造られています。誕生は、今から200年以上も前、18世紀後半にまで遡ります。当時シチリア北西部のマルサラに滞在していたイギリス人のジョン・ウッドハウス（John Woodhouse）が、この地で飲んだワインが、イギリスで流行していたマデイラやポートと似ていたため、「これはイギリスで売れる！」と思ったらしいんです。しかしそのまま運ぶと長期の航海で味がダメになってしまう……そこで、保存性を高めるためにアルコールを強化した

D.O.C.	赤	ロゼ	白	備考
④ Malvasia delle Lipari マルヴァジア・デッレ・リパリ			○	白：マルヴァジア・デッレ・リパリ ・Ps、酒精強化ワインあり
⑤ Marsala マルサラ	●		○	赤：ピニャテッロ、カラブレーゼ、ネレッロ・マスカレーゼ 白：カタッラット主体、グリッロ

ことで、マルサラワインが生まれたそうです。

マルサラは使うブドウ品種によって色が異なり、オーロ（Oro）（黄金色）、アンブラ（Ambra）（琥珀色）、ルビーノ（Rubino）（ルビー色）と分類されています。さらに甘辛度での分類もあって、セッコ（Secco）（辛口）、セミセッコ（Semisecco）（中辛口）、ドルチェ（Dolce）（甘口）とあります。色と甘辛度はラベルに書かれています。値段は熟成期間によっても変わり、様々です。

シチリアの郷土料理

ではシチリアの郷土料理をみていきましょう。

シチリアは地中海におけるマグロ漁の拠点でもあり、マグロが本当によく食卓にのぼるんです。生で食べられるほど新鮮なマグロをさっとグリルしてレモンを絞ったりして、赤身のお肉感覚で食べられています。日本で人気の大トロも、イタリアでは赤身と同じ値段で売られているそうです。

ボッタルガ・ディ・トンノ（Bottarga di Tonno）（マグロのカラスミ。トンノはマグロのこと）もポピュラー。サルデーニャのカラスミと同様、パスタに和えたり、厚めに切って網焼きにして、よくチーズ感覚で食べたりします。カラスミの濃厚さと軽くあぶった香ばしさが、シチリアの果実味豊かで飲み応えのある白によく合います。たとえば、先ほど紹介したプラネタのシャルドネとかよさそうですね。

日本でもだいぶ知られるようになったカポナータ（Caponata）（ナス、トマト、オリーヴ、ケッパーの煮込み）も、シチリアの郷土料理です。シチリア中、どのレストランに行っても、必ずメニューにありますが、あまり煮込まず野菜の食感を残したものから、しっかりと煮込んであるものまで、それぞれのお店で味が違います。ケッパーの利かせ方でも味わいに差が出たりするんです。私が食べたなかでNo. 1のカポナータは、シチリア北西部に位置する塩田で有名な港町トラパニ（Trapani）の、看板も出ていない小さなレストランのもの。野菜がクタクタに煮込んであって、旨みの凝縮感がすごくて、本当においしかったです。

日本のイタリアンで、アランチーニ（Arancini）を見たことはありますか？　ライスコロッケですが、これもシチリアの名物料理で、空港にも専門店があるぐらい大人気なんです。茹で上げたライスに、シチリア名産のペコリーノ（Pecorino）・チーズなどを混ぜて成形後、パン粉を付けて揚げたものですが、小さくカットされたハムや魚介などの具材が入ることもあります。作り方は同じかもしれませんが、日本とシチリアでは大きさが違う。日本ではゴルフボール大ぐらいのものが多いと思うんですが、野球ボールよりも大きいのもよく見かけます。アランチーニって、「小さなオレンジ」って意味だったはずなんですが……。バルのカウンターにゴロゴロ並んでいます。

一方、ファルスマーグル（Farsumagru）（牛肉、豚肉、卵、チーズなどを混ぜたミートローフ）も、みんな大好きな味だと思うんですが、日本ではあまり知られていませんね。

シチリアは地理的に北アフリカに近いですが、それを感じさせる食材が、クスクス（Cuscus）（英語やフランス語のCouscousという表記も使われています）です。現在では北アフリカをはじめ世界中で食べられています。レストランには、クスクス・ディ・ペッシェ（Couscous di Pesce）（クスクス

アランチーニ

の魚介類のスープ添え）というメニューがよくあります。

シチリアに行くと、「トリナクリア」をよく見ると話しましたが、「カンノーリ（Cannoli）」もよく目につきます。この地の伝統菓子ですが、至る所で食べられていて、陶器の巨大な置物にすらなっていたのには驚きました！　それほどシチリア人に愛されているお菓子です。揚げた筒状の生地のなかにリコッタチーズが詰まっています。

シチリアとゆかりの深い映画、『ゴッドファーザー』でのセリフ、「Leave the gun. Take the cannoli.（銃は置いていけ。カンノーリは持ってきてくれ）」で、このイタリア菓子の知名度が高まったとも言われています。暗殺のための毒入りカンノーリも出てきましたね。地元では、皆さん食後には、カンノーリやカッサータ（Cassata）（リコッタチーズとドライフルーツとナッツのケーキ）と先ほどお話しした甘口ワインのパッシートを合わせて楽しんでいます。

さて、これで授業はすべておしまいです。7日間で、イタリアワインを集中的に見てきましたが、いかがでしたでしょうか？　フランスワインと似ているところ、全然違うところ、いろいろあったと思います。イタリアワインの一番面白いところは、やはり、北から南まで20州すべてで、それぞれの文化や気候、土壌などに合った唯一無二のワインを、紆余曲折ありながらも造り続けていることだと思います。

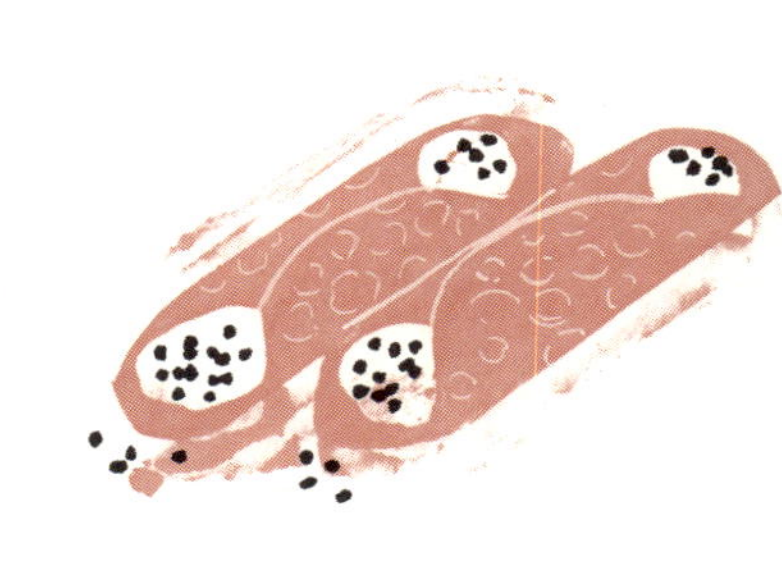
みんな大好き「カンノーリ」

原産地呼称法に基づいて、D.O.C.G.を中心に有名なD.O.C.なども交じえながら多くのワインを紹介してきましたが、こういう基本的な知識を身につけたうえで、イタリアワインを眺めてもらうと、カオスのように見えていた景色が、カラフルで活き活きとしたモザイク画のように見えませんか？　あとは、ワインを1つ1つ実際に手に取り、口にして下さい。できたら、その土地のお料理も一緒に。忘れられない体験になると思います。

これからも、果てしないイタリアワイン、世界のワインの旅を楽しんでいただけたら嬉しいです。私も存分に楽しみます！

おわりに

この度は、『ワインの授業 イタリア編』を最後までお読みいただき、ありがとうございました。

本書は、私が2015年の春に上梓した『ワインの授業 フランス編』の続編です。『フランス編』と同じく、私が主宰しているワインスクールでの授業がベースとなっています。スクールの生徒さんはソムリエやワインエキスパート資格の取得を目指す方や、取得後により深く学びたいという方なので、とても専門的な授業です。この本は、より広い方々に聴いて頂きたかったので、詳しさは授業そのままに（むしろより詳しくなっているところもあるほどです）、もっと楽しくなるようなスパイスをふりかけてみました。

「ワインの授業」を終えた皆さま、イタリアワインの世界はいかがでしたか？ 皆さまには修了証を手渡ししたいところです！

あとは、実践あるのみ。スクールのレッスンでいつも言っていることなのですが、頭で学んだことは、実践することで初めて身につきます。ぜひイタリアワインを飲んで、味わいを感じ、確認しながらこの本で得た知識を自分のものにしてください。冒頭でもお話ししていますが、私が思うイタリアワインの一番の楽しみ方は、食事と合わせること。家族と、友人と、同僚と……どんな食事の場にもそれに合うワインがあります。飲んで食べて、とどまることのないお喋りで大盛り上がり、なんて風景はイタリア人の日常です。陽気で気さくなイタリア人同様、イタリアワインにはカジュアルに楽しめる親しみやすさがあります。みなさんにもこんな風に、イタリアワインを飲んでいただきたいです。また、そうすることでご自身の好みや楽しみ方のスタイルがより明確になっていくはずです。イタリアワインはフランスワインと比べるとリーズナブルなものが多いので、ぜひ気軽に日々のお食事に取り入れ、マリアージュを楽しんでくださいね！　乾杯するワインの産地について、本書を見直し、現地に思いを馳せていただくとまた楽しいと思います。

実は、『フランス編』の読者の方々からは、かねてより「イタリア編もぜひ読みたい！」という大変うれしいリクエストをたくさんいただいていました。私自身もフランスだけでなく、年に数回は仕事でイタリアのワイン産地を訪れているので、次はイタリアで！とは思っていました。そこで、出張のたびに、本に載せたいトピックスを集めていたんです。いよいよ素材も溜まり、約1年前に執筆にとりかかりました。ほんとうはもっと早く本の形になる予定だったのですが……書けば書くほど、「追求しなければ気が済まない」私の習い性がムクムクとふくれてしまいました。そこで、気になる産地にもっと足を運んで、実際にそこでワインを味わってみよう！　とイタリアを何度も訪ねることに……。ピエモンテやトスカーナ、ヴェネトなど、北部・中部の銘醸地には何度も行っていましたが、この本を書くために、ワイン産地として、どうしてもまた訪ねたかったのがシチリア。特にエトナは私が手がける輸入業の面でも注目していたので、土壌やワインの味わいのみならず、文化や歴史などでも気になることをどんどん質問し、造り手さんに、「ずいぶん質問が多いね!」と笑われてしまいました(笑)。

刊行を待ってくださっていた読者の皆さまには、おわびします! お待たせしました。でも、現地に足を運ぶことでしか得られない空気感、発見、理解は確実にありました。それを盛り込むことで、より良い本にすることができたと自負しています。

でも、ワインの世界は本当に奥深く、イタリアに限らず、ワインの旅に終わりはありません。私自身もまだまだ旅の途中で、これからどんな出会いがあるのか、ワクワクしています。フランスに続きイタリアについてのレッスンを終えましたが、また新しいワインの世界でお会いできればと思っています。

皆さんのワイン人生がこれからもより一層楽しいものでありますように!

2018年　初夏に

杉山明日香

	ページ数	原産地呼称	生産者	価格レベル	備考（ワイン名等）
Toscana	109	D.O.C.G.Brunello di Montalcino ブルネッロ・ディ・モンタルチーノ	Mastrojanni マストロヤンニ	☆☆☆☆	
	114	D.O.C.Sant'Antimo Vin Santo サンタンティモ・ヴィン・サント	Silvio Nardi シルヴィオ・ナルディ	☆☆☆	
Liguria	116	D.O.C.Cinque Terre チンクエ・テッレ	Cantina Cinque Terre カンティーナ・チンクエ・テッレ	☆☆	
Umbria	119	D.O.C.Orvieto Classico オルヴィエート・クラッシコ	Bigi ビジ	☆	
	121	D.O.C.Montefalco Sagrantino モンテファルコ・サグランティーノ	Paolo Bea パオロ・ベア	☆☆☆☆	Pagliaro パリアーロ
Lazio	122	D.O.C.Est! Est!! Est!!! di Montefiascone エスト・エスト・エスト・ ディ・モンテフィアスコーネ	Cantina di Montefiascone カンティーナ・ディ・モンテフィアスコーネ	☆	
Campania	128	D.O.C.G.Greco di Tufo グレーコ・ディ・トゥーフォ	Feudi di San Gregorio フェウディ・ディ・サン・グレゴリオ	☆☆	
	129	D.O.C.G.Taurasi タウラージ	Mastroberardino マストロベラルディーノ	☆☆☆☆	Radici ラディーチ
Calabria	134	D.O.C.Cirò チロ	Librandi リブランディ	☆	
Emilia Romagna	138	D.O.C.G.Lambrusco Grasparossa di Castelvetro ランブルスコ・ グラスパロッサ・ディ・カステルヴェートロ	La Piana ラ・ピアーナ	☆☆	Capriccio di Bacco カプリッチョ・ディ・バッコ
Marche	146	D.O.C.G.Verdicchio dei Castelli di Jesi Classico ヴェルディッキオ・デイ・ カステッリ・ディ・イエージ・クラッシコ	Umani Ronchi ウマニ・ロンキ	☆	
	147	Vino da Tavola ヴィノ・ダ・ターヴォラ	Umani Ronchi ウマニ・ロンキ	☆	
Abruzzo	148	D.O.C.Montepulciano d'Abruzzo モンテプルチアーノ・ダブルッツォ	Valentini ヴァレンティーニ	☆☆☆☆	
Puglia	154	D.O.C.Primitivo di Manduria プリミティーヴォ・ディ・マンドゥリア	Poggio Le Volpi ポッジョ・レ・ヴォルピ	☆	

本書のイラストのワイン

「価格レベル」は、実勢価格に応じて☆をつけました。
☆＝2000円以下／☆☆＝3500円以下／☆☆☆＝5000円以下／☆☆☆☆＝5000円以上

	ページ数	原産地呼称	生産者	価格レベル	備考（ワイン名等）
はじめに	17	I.G.T.Vigneti delle Dolomiti	Aldeno アルデーノ	☆☆☆	Teroldego Novello テロルデゴ・ノヴェッロ
Piemonte	26	D.O.C.G.Barolo バローロ	Luciano Sandrone ルチアーノ・サンドローネ	☆☆☆☆	Cannubi Boschis カンヌービ・ボスキス
	26	D.O.C.G.Barbaresco バルバレスコ	Produttori del Barbaresco プロデュットーリ・デル・バルバレスコ	☆☆☆	
	42	D.O.C.G.Barbaresco バルバレスコ	Angelo Gaja アンジェロ・ガヤ	☆☆☆☆	
	42	D.O.C.Langhe ランゲ	Angelo Gaja アンジェロ・ガヤ	☆☆☆☆	Sito Moresco シト・モレスコ
	42	D.O.C.Langhe ランゲ	Angelo Gaja アンジェロ・ガヤ	☆☆☆☆	Sorì San Lorenzo ソリ・サン・ロレンツォ
	42	D.O.C.Bolgheri ボルゲリ(Toscana)	CA'MARCANDA (Angelo Gaja アンジェロ・ガヤ)	☆☆☆	Promis プロミス
Lombardia	54	D.O.C.G.Franciacorta フランチャコルタ	Ca'del Bosco カ・デル・ボスコ	☆☆	
Veneto	62	D.O.C.Soave Classico ソアヴェ・クラッシコ	Suavia スアヴィア	☆☆	
	67	D.O.C.G.Amarone della Valpolicella アマローネ・デッラ・ヴァルポリチェッラ	Giuseppe Quintarelli ジュゼッペ・クインタレッリ	☆☆☆☆	
	73	(Aquavite アクアヴィーテ)	Nardini ナルディーニ	☆☆☆	
Valle d'Aosta	75	D.O.C.Valle d'Aosta ヴァッレ・ダオスタ	Donnas ドナス	☆☆	
Trentino-Alto Adige	79	D.O.C.Trento トレント	Ferrari フェッラーリ	☆☆	
Friuli-Vnezia Giulia	84	I.G.T.Venezia Giulia ヴェネツィア・ジューリア	Radikon ラディコン	☆☆☆(500ml)	
Toscana	94	D.O.C.G.Chianti Classico キアンティ・クラッシコ	Monteraponi モンテラポーニ	☆☆☆	
	107	D.O.C.Bolgheri Sassicaia ボルゲリ・サッシカイア	Tenuta San Guido テヌータ・サン・グイド	☆☆☆☆	

杉山明日香 すぎやま・あすか
東京生まれ、唐津育ち。
理論物理学博士・ソムリエール・唎酒師。
有名進学予備校の数学講師として長く教鞭をとる一方、
ワインスクール「ASUKA L'ecole du Vin」の主宰や
シャンパーニュ・ワインの輸入業や日本酒の輸出業、
東京・西麻布のワインバー&レストラン「ゴブリン」や
フランス・パリのレストラン「ENYAA Saké&Champagne」のプロデュースなど
ワイン・日本酒関連の仕事を精力的に行っている。
著書に『受験のプロに教わる ソムリエ試験対策講座』
『受験のプロに教わる ソムリエ試験対策問題集』
『ワインの授業 フランス編』『おいしいワインの選び方』
『ワインがおいしいフレンチごはん』(飯島奈美との共著)がある。
最新情報は杉山明日香事務所のFacebookをご覧ください。

＊増刷に際し、栽培面積や年間生産量などの数値、一部の用語を改めました。

ワインの授業 イタリア編

二〇一八年六月 十四 日 第一刷発行
二〇一九年十月二十五日 第二刷発行

著者 杉山明日香
イラストレーション くぼあやこ
ブックデザイン 鈴木成一デザイン室
DTP 岩田和美
構成 高良和秀
編集 加藤 基、林 竜平、黒木麻子
発行人 孫 家邦
発行所 株式会社リトルモア
〒一五一-〇〇五一
東京都渋谷区千駄ヶ谷三-五六-六
電話〇三-三四〇一-一〇四二
ファックス〇三-三四〇一-一〇五二
印刷所 中央精版印刷株式会社

 ISBN978-4-89815-477-9